中国特色高水平高职学校项目建设成果

U0276213

热切割技术

主　编　王滨滨
副主编　张　浩
参　编　林晓辉　樊志伟　于春洋

哈尔滨工程大学出版社
Harbin Engineering University Press

内容简介

本书的编写基于工作过程,按照工作过程的"6步法"安排内容,在知识与结构上有所创新,不仅符合高职学生的认知特点,而且与生产实际紧密联系,真正做到"教中学,学中做",使二者互动融合,互相促进提高。本书详细阐述了各种常用切割方法的基本原理、应用范围、所用设备、切割操作技术、典型切割工艺参数、常见缺陷及预防措施等,还介绍了等离子切割等现代切割方法。此外,本书以国家职业教育焊接技术与自动化专业教学资源库为平台,配有视频、动画、微课等资源的二维码,方便读者学习。

本书既可作为智能焊接技术专业及模具设计与制造、机械制造与自动化等相关专业的高职教材,也可作为成人教育和继续教育的教材,还可作为相关从业人员的参考用书。

图书在版编目(CIP)数据

热切割技术 / 王滨滨主编. -- 哈尔滨 : 哈尔滨工程大学出版社, 2024. 9. -- ISBN 978-7-5661-4570-3

Ⅰ. TG48

中国国家版本馆 CIP 数据核字第 20243655UD 号

热切割技术

RE QIEGE JISHU

选题策划	雷　霞
责任编辑	关　鑫
封面设计	李海波

出版发行	哈尔滨工程大学出版社
社　　址	哈尔滨市南岗区南通大街 145 号
邮政编码	150001
发行电话	0451-82519328
传　　真	0451-82519699
经　　销	新华书店
印　　刷	哈尔滨市海德利商务印刷有限公司
开　　本	787 mm×1 092 mm　1/16
印　　张	13.25
字　　数	338 千字
版　　次	2024 年 9 月第 1 版
印　　次	2024 年 9 月第 1 次印刷
书　　号	ISBN 978-7-5661-4570-3
定　　价	42.00 元

http://www.hrbeupress.com

E-mail:heupress@hrbeu.edu.cn

中国特色高水平高职学校项目建设
系列教材编审委员会

编 写 说 明

中国特色高水平高职学校和专业建设计划（简称"双高计划"）是我国教育部、财政部为建设一批引领改革、支撑发展、中国特色、世界水平的高等职业学校和骨干专业（群）而实施的重大决策建设工程。哈尔滨职业技术大学（原哈尔滨职业技术学院）入选"双高计划"建设单位，学校对中国特色高水平学校建设项目进行顶层设计，编制了站位高端、理念领先的建设方案和任务书，并扎实地开展人才培养高地、特色专业群、高水平师资队伍与校企合作等项目建设，借鉴国际先进的教育教学理念，开发具有中国特色、符合国际标准的专业标准与规范，深入推动"三教改革"，组建模块化教学创新团队，实施课程思政，开展"课堂革命"，出版校企双元开发活页式、工作手册式、新形态教材。为适应智能时代先进教学手段应用，学校加强对优质在线资源的建设，丰富教材的载体，为开发以工作过程为导向的优质特色教材奠定基础。按照教育部印发的《职业院校教材管理办法》要求，本系列教材编写总体思路是：依据学校双高建设方案中教材建设规划、国家相关专业教学标准、专业相关职业标准及职业技能等级标准，服务学生成长成才和就业创业，以立德树人为根本任务，融入课程思政，对接相关产业发展需求，将企业应用的新技术、新工艺和新规范融入教材之中。教材编写遵循技术技能人才成长规律和学生认知特点，适应相关专业人才培养模式创新和优化课程体系的需要，注重以真实生产项目以及典型工作任务、生产流程、工作案例等为载体开发教材内容体系，理论与实践有机融合，满足"做中学、做中教"的需要。

本系列教材是哈尔滨职业技术大学中国特色高水平高职学校项目建设的重要成果之一，也是哈尔滨职业技术大学教材改革和教法改革成效的集中体现。教材体例新颖，具有以下特色：

第一，教材研发团队组建创新。按照学校教材建设统一要求，遴选教学经验丰富、课程改革成效突出的专业教师担任主编，邀请相关企业作为联合建设单位，形成了一支学校、行业、企业和教育领域高水平专业人才参与的开发团队，共同参与教材编写。

第二，教材内容整体构建创新。精准对接国家专业教学标准、职业标准、职业技能等级标准，确定教材内容体系；参照行业企业标准，有机融入新技术、新工艺、新规范，构建基于职业岗位工作需要的，体现真实工作任务、流程的内容体系。

第三，教材编写模式及呈现形式创新。与课程改革相配套，按照"工作过程系统化""项目+任务式""任务驱动式""CDIO 式"四类课程改革需要设计四种教材编写模式，创新新形态、活页式或工作手册式三种教材呈现形式。

第四，教材编写实施载体创新。根据专业教学标准和人才培养方案要求，在深入企业调研岗位工作任务和职业能力分析基础上,按照"做中学、做中教"的编写思路,以企业典型工作任务为载体进行教学内容设计,将企业真实工作任务、真实业务流程、真实生产过程纳入教材,开发了与教学内容配套的教学资源,以满足教师线上线下混合式教学的需要。同时,本系列教材配套资源在相关平台上线,可满足学生在线自主学习的需要,学生也可随时下载相应资源。

第五,教材评价体系构建创新。从培养学生良好的职业道德、综合职业能力、创新创业能力出发,设计并构建评价体系,注重过程考核和学生、教师、企业、行业、社会参与的多元评价,在学生技能评价上借助社会评价组织的"1+X"考核评价标准和成绩认定结果进行学分认定,每部教材根据专业特点设计了综合评价标准。为确保教材质量,哈尔滨职业技术大学组建了中国特色高水平高职学校项目建设成果编审委员会。该委员会由职业教育专家组成,同时聘请企业技术专家进行指导。学校组织了专业与课程专题研究组,对教材编写持续进行培训、指导、回访等跟踪服务,建立常态化质量监控机制,为修订、完善教材提供稳定支持,确保教材的质量。

本系列教材在国家骨干高职院校教材开发的基础上,经过几轮修改,融入了课程思政内容和"课堂革命"理念,既具教学积累之深厚,又具教学改革之创新,凝聚了校企合作编写团队的集体智慧。本系列教材充分展示了课程改革成果,力争为更好地推进中国特色高水平高职学校和专业建设及课程改革做出积极贡献!

哈尔滨职业技术大学
中国特色高水平高职学校项目建设系列教材编审委员会
2024 年 6 月

前　　言

切割技术广泛应用于机械制造、航空航天、军工、船舶制造、石油化工、现代建筑等重要领域,是制造业必需的基本技术之一,对中国制造向优质制造、精品制造转型升级具有重要的支撑作用。

企业生产和发展需要熟悉生产操作过程的工程技术人员。但随着我国工业企业的改革和转型,企业内部人才培训体系相对落后的情况暴露出来,出现了新参加工作的专业人才不适应企业实际生产工作的现象。对此,本着贴合实际生产应用,培养企业技能型人才的原则,编写了本教材。

"切割技术"课程是国家职业教育焊接技术与自动化专业教学资源库建设项目中的核心课程之一。为了更好地为资源库的应用提供支撑,让广大学习者能够使用资源库进行学习,本教材链接了大量网络资源,既可以作为资源库配套用书,也可以作为学习者的自学教材。本教材主要内容包括手工火焰切割、半自动火焰切割、数控火焰切割、等离子切割(也称"等离子弧切割")和炭弧气刨等不同切割方法的原理和典型产品的切割工艺等。

本教材的特色如下:

(1)采用情境-任务式编写体例,便于教学。在编写模式上,本教材采用情境-任务式的编写体例,以适应行动导向教学改革的需要。

(2)以生产实际中的产品组织教学内容。本教材根据实际生产对专业技术人员知识、能力和素质的要求,结合企业生产实际中的产品组织教学内容,融入相关的国家、行业标准及国际标准,体现了行业的发展。

(3)组建具有丰富经验的教材编写团队。本教材由哈尔滨职业技术大学与常州工程职业技术学院联合编写。团队教师组成课程开发小组,对课程教学内容进行开发,明确应遵循的3个原则:与企业生产过程的要求一致;结合不同切割方法的加工工艺要求;考虑焊接专业毕业生就业的主要工作岗位和学生的可持续发展。本教材以结合企业真实的产品,按照企业生产中所遵循的法规和标准,依据合格的工艺,编制切割工艺规程的形式来组织教学,培养学生的专业能力和社会能力等。

(4)构建过程考核和多元评价体系。课程考核贯穿教学的全过程。其结合国家职业教育焊接技术与自动化专业教学资源库,将学习者在学习过程中的学习行为都计入考核范围,以综合反映学习者的整体成绩。评价以多元评价为主,采用教师评价、专家评价、学生互评等方式。

本课程建议在"教学做一体化"实训基地中或具有良好网络环境的多媒体教室中进行。实训基地中应设有教学区、实训区和资料区等,能够满足学生自主学习和完成工作任务的需要。具有良好网络环境的多媒体教室便于教师使用国家职业教育焊接技术与自动化专业教学资源库进行教学。

本教材同国家职业教育焊接技术与自动化专业教学资源库内容有机融合,包含微课、视频、动画、文本、图表、题库等资源,是具有数字化特色的自主学习型创新教材。教材内容

与该资源库中的各类资源共同构成了服务于资源库教学应用的立体化资源。

本教材由哈尔滨职业技术大学王滨滨担任主编,负责确定编制的体例、统稿工作,并编写学习情境1、4、5;哈尔滨职业技术大学张浩担任副主编,编写学习情境3;中国机械总院集团哈尔滨焊接研究所有限公司林晓辉编写学习情境2的任务1;哈尔滨职业技术大学樊志伟编写学习情境2的任务2;中国机械总院集团哈尔滨焊接研究所有限公司于春洋编写学习情境2、3的任务工单,并负责对任务书的实践性、科学性进行审核。

本教材在编写过程中参考、引用和改编了一些国内外相关资料及网络资源,在此对这些资料和网络资源的作者表示诚挚的谢意。

尽管我们在探索职业教育教材特色的建设方面有了一定的突破,但限于编者水平,教材中疏漏之处在所难免,恳请各位读者批评指正,以便再版时改进。

编　者

2024 年 7 月

目　　录

学习情境 1　手工火焰切割钢板

【学习指南】

【情境导入】

　　手工火焰切割机作为早期我国机械加工业的基础性设备,一直以来都为广大企业所熟悉。随着数控切割机的普及,尽管已经有部分企业对相关切割设备进行了升级,但仍然有部分企业还在继续使用类似的手工切割设备。手工火焰切割具有方便、灵活、适用面广的优点,同时也具有容易受人为因素影响、切割质量难以达到精度要求的缺点。当采用手工火焰切割枪切割钢板时,手及身体的晃动、抖动等一系列不稳定因素的影响,都会造成切割的实际路径与预想的理论路径不一致,出现偏离、弯曲、锯齿状等缺陷,特别是手工直线切割钢板的直线度很不容易达到要求,容易造成返工、重新下料或增加打磨工序等,导致人工、材料和时间的浪费。

【学习目标】

知识目标

1.能够阐述低碳钢板的气割原理及其应用范围。

2.能够概述气割火焰的种类和性质。

3.能够描述气割所用设备、工具、夹具的安全检查。

能力目标

1.能够对气割所用设备、工具、夹具进行安全检查并正确使用割炬及其辅助工具。

2.能够选择低碳钢厚板气割的工艺参数。

3.能够根据厚度选择割炬的型号,调整气体的流量。

4.能够分析影响低碳钢板手工气割割缝表面质量的因素。

素质目标

1.培养学生树立成本意识、质量意识、创新意识,养成勇于担当、团队合作的职业素养。

2.培养学生的工匠精神、劳动精神、劳模精神,达到以劳树德、以劳增智、以劳创新的目的。

【工作任务】

　　任务 1　手工火焰切割薄板　　参考学时:课内 4 学时(课外 4 学时)

　　任务 2　手工火焰切割厚板　　参考学时:课内 4 学时(课外 4 学时)

任务 1 手工火焰切割薄板

【任务工单】

学习情境 1	手工火焰切割钢板		任务 1		手工火焰切割薄板
任务学时			课内 4 学时(课外 4 学时)		
布置任务					
任务目标	1. 能够对气割所用设备、工具、夹具进行安全检查并正确使用割炬及其辅助工具。 2. 能够选择低碳钢薄板气割的工艺参数。 3. 能够根据厚度选择割炬的型号、调整气体的流量。 4. 能够分析影响低碳钢板手工气割割缝表面质量的因素				
任务描述	手工火焰切割机作为早期我国机械加工业的基础性设备,一直以来都为广大企业所熟悉。随着数控切割机的普及,尽管已经有部分企业对相关切割设备进行了升级,但仍然有部分企业还在继续使用类似的手工切割设备。通过本任务的学习,学生能够选择合适的割炬、工具和夹具;能连接氧气瓶、乙炔瓶、氧气压力瓶、乙炔减压瓶、割炬、割嘴、氧气软管、乙炔软管;选择合适的切割工艺参数,熟练对厚度为 6 mm 的低碳钢板进行手工火焰切割				
学时安排	资讯 1 学时	计划 0.5 学时	决策 0.5 学时	实施 1 学时	检查 0.5 学时	评价 0.5 学时
提供资源	G01-30 型割炬(含割嘴)、氧气瓶、乙炔瓶、氧气减压器、乙炔减压器、辅助工具(护目镜、通针、扳手、点火枪、钢丝刷、钢丝钳等),厚度为 6 mm 的 Q235 钢板				
对学生的学习过程及学习成果的要求	1. 能够在实训前进行安全检查。 2. 严格遵守实训基地的各项管理规章制度。 3. 根据实训要求,能够选择气割的工艺参数。 4. 每位同学均能自主学习"课前自学"部分内容,并能完成相应的课后习题。 5. 严格遵守课堂纪律;学习态度认真、端正;能够正确评价自己和同学在本任务中的素质表现。 6. 每位同学必须积极参与小组工作,承担制定工艺参数、合理选择割炬型号等工作,做到积极主动不推诿,能够与小组成员合作完成工作任务。 7. 每位同学均需独立或在小组成员的帮助下完成任务工作单等,并提请教师检查、签认;仔细思考他人提出的建议,及时改正错误。 8. 每组必须完成任务工单,并提请教师进行小组评价;小组成员分享小组评价分数或等级。 9. 每位同学均需完成"课后反思"部分,以小组为单位提交				

【课前自学】

一、常用气割设备和工具的使用

气割是利用可燃气体与助燃气体混合燃烧所放出的热量作为热源进行金属材料切割的一种方法。在最基础的切割方式——火焰切割中,以手工气割的应用最为广泛。

1. 氧气和氧气瓶的使用

(1)氧气与氧气瓶

氧气(O_2)是气割过程中的一种助燃气体,其化学性质极为活泼。氧气几乎能与自然界中一切元素相化合,这种化合作用称为氧化反应。剧烈的氧化反应称为燃烧。

气焊、气割中所使用的氧气是贮存于氧气瓶中的。氧气瓶的外表涂天蓝色,瓶体上用黑漆标注"氧气"字样。常用氧气瓶的容积为 40 L,在 15 MPa 的压力下,可贮存 6 m^3 的氧气。氧气瓶的形状见图 1-1,由瓶体、瓶帽、瓶阀及瓶箍等组成。瓶阀的一侧装有安全膜,当瓶内压力超过规定值时,安全膜即自行爆破,从而保护了氧气瓶的安全。

高压氧气如果与油脂等易燃物相接触,就会发生剧烈的氧化反应,进而可能使易燃物自燃。在高压和高温的作用下,氧化反应会更加剧烈,进而可能会引起爆炸。因此,在使用氧气瓶时,切不可使瓶阀、减压器、焊炬、割炬、氧气皮管等沾上油脂。

氧气的纯度(本书中指体积分数)对气焊、气割的质量,生产率及氧气本身的消耗量都有直接影响。在进行气焊、气割时,氧气的纯度越高,工作质量和生产率越高,氧气的消耗量越小,因此氧气的纯度越高越好。一般来说,气割时,氧气的纯度不应低于98.5%。对于质量要求较高的气焊,氧气的纯度不应低于99.2%。

(2)氧气瓶的使用

使用氧气瓶时,应注意以下几点:

①氧气瓶在使用时应直立放置,安放平稳,防止倾倒。只有在特殊情况下才允许卧放氧气瓶,但瓶头一端必须垫高,防止滚动。

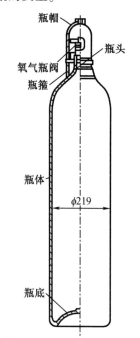

图 1-1 高压氧气瓶(单位:mm)

②瓶阀可用扳手直接开启或关闭。在氧气瓶开启时,焊工应站在出气口的侧面,先拧开瓶阀,吹掉出气口内的杂质,再将其与减压器连接。开启和关闭时不要用力过猛。

③氧气瓶内的氧气不能全部用完,至少应保持 0.1~0.3 MPa 的压力,以便充氧时鉴别气体性质和吹除瓶阀内的杂质,还可以防止在使用中可燃气体倒流或空气进入瓶内。

④夏季露天操作时,氧气瓶应放置在阴凉处,避免阳光的强烈照射。

氧气瓶的使用及减压器安装等内容可扫描二维码了解。

2. 乙炔和乙炔瓶的使用

(1) 乙炔与乙炔瓶

乙炔(C_2H_2)是气割过程中常用的可燃气体，它是通过电石与水相互作用而得到的。电石是钙和碳的化合物（碳化钙 CaC_2），在空气中极易潮化。

电石与水发生反应，生成乙炔和熟石灰，并析出大量的热，化学反应式如下：

$$CaC_2 + 2H_2O \Longrightarrow C_2H_2 + Ca(OH)_2 + 127 \times 10^3 \ J/mol$$

乙炔是一种无色而带有特殊臭味的碳氢化合物，标准状态下的密度是 $1.179 \ kg/m^3$，比空气轻。其在与空气混合燃烧时产生的火焰温度为 2 350 ℃，而在与氧气混合燃烧时产生的火焰温度为 3 000~3 300 ℃，因此可以迅速将金属加热到较高温度以进行焊接与切割。

乙炔是一种具有爆炸性的危险气体。当压力为 0.15 MPa 时，如果气体温度达到 580~600 ℃，乙炔就会自行爆炸。压力越高，乙炔自行爆炸所需的温度就越低；温度越高，乙炔自行爆炸所需的压力就越低。乙炔与空气或氧气混合而成的气体也具有爆炸性。当乙炔的体积分数在 2.8%~81.0% 范围内（与空气混合）或在 2.8%~93.0% 范围内（与氧气混合）时，混合气体只要遇到火星就会立即爆炸。

乙炔与纯铜或纯银长期接触后会产生一种具有爆炸性的化合物，即乙炔铜（Cu_2C_2）、乙炔银（Ag_2C_2）。当它们受到剧烈震动或被加热到 110~120 ℃ 时就会爆炸。所以，凡是与乙炔接触的器具设备禁止用纯银或纯铜制造，只能用含铜量不超过 70%（质量分数）的铜合金制造。乙炔和氯气、次氯酸盐等化合会发生燃烧或爆炸，所以当乙炔燃烧时，绝对禁止用四氯化碳（CCl_4）灭火（目前我国已禁止使用四氯化碳灭火剂）。

乙炔瓶是一种贮存和运输乙炔的容器，其形状和构造见图 1-2。乙炔瓶外表涂白色，并用红漆标注"乙炔"字样。乙炔瓶内的最高压力为 1.5 MPa，瓶内装有浸有丙酮的多孔填料，既可稳定而安全地贮存乙炔，也便于溶解再次灌入的乙炔。由于乙炔是易燃易爆气体，因此必须严格按照相关安全规则使用。

(2) 乙炔瓶的使用

使用乙炔瓶时，应注意以下几点：

①乙炔瓶在使用时只能直立放置，不能横放，否则会使瓶内的丙酮流出，甚至会通过减压器流入乙炔软管和焊/割炬内，引起燃烧或爆炸。

②乙炔瓶应避免剧烈的震动和撞击，以免填料下沉而形成空洞，影响乙炔的贮存，甚至造成乙炔爆炸。

③使用乙炔瓶时，工作压力不允许超过 0.15 MPa，输出流量不能超过 2.5 L/min。

④乙炔瓶阀与减压器的连接必须可靠，严禁在漏气的状态下使用。

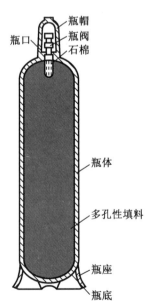

瓶帽
瓶阀
瓶口
石棉

瓶体

多孔性填料

瓶座
瓶底

图 1-2 乙炔瓶

⑤乙炔瓶内的乙炔不能完全用完。当高压表的读数为 0 MPa,低压表的读数为 0.01～0.03 MPa 时,应关闭瓶阀,禁止使用。

⑥乙炔瓶表面的温度不应超过 40 ℃,因为温度过高会降低乙炔在丙酮中的溶解度,使瓶内乙炔压力急剧增高。夏季使用乙炔瓶时应注意不可令其在阳光下暴晒,应将其置于阴凉通风处。

3.减压器的作用、分类、构造及使用

(1)减压器的作用

①减压作用。由于气瓶内的压力较高,而气割时所需的工作压力较小(如氧气的工作压力一般要求为 0.1～0.5 MPa,乙炔的工作压力不超过 0.15 MPa),因此需要用减压器把贮存在气瓶内的高压气体降为低压气体,才能输送到割炬内使用。

②稳压作用。随着气体的消耗,气瓶内气体的压力是逐渐下降的,即在气焊、气割工作中,气瓶内气体的压力是时刻变化的。这种变化会影响气焊、气割过程的顺利进行,因此就需要使用减压器来使输出气体的压力和流量都不受气瓶内气体压力下降的影响,使工作压力自始至终保持稳定。

(2)减压器的分类与构造

①减压器的分类。减压器按用途不同可分为氧气减压器和乙炔减压器,或分为集中式减压器和岗位式减压器;按构造不同可分为单级式减压器和双级式减压器;按工作原理不同可分为正作用式减压器、反作用式减压器和双级混合式减压器。图 1-3 为单级反作用式减压器的构造。常用减压器的型号及主要技术参数见表 1-1。

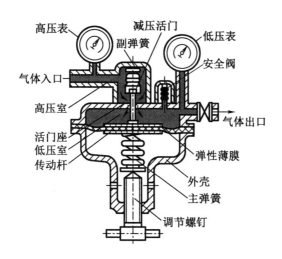

图 1-3　单级反作用式减压器

表1-1　常用减压器的的型号及主要技术参数

主要技术参数	减压器型号						
	QD-1	QD-2A	QD-3A	DJ6	SJ7-10	QD-20	QW2-16/0.6
名称	单级氧气减压器				双级氧气减压器	单级乙炔减压器	单级丙烷减压器
进气口最高压力/MPa	15.0	15.0	15.0	15.0	15.0	2.0	1.6
最高工作压力/MPa	2.50	1.00	0.20	2.00	2.00	0.15	0.16
工作压力调节范围/MPa	0.10~2.50	0.10~1.00	0.01~0.20	0.10~2.00	0.10~2.00	0.01~0.15	0.02~0.06
最大放气能力/(m³/h)	80	40	10	180	—	9	—
出气口孔径/mm	6	5	3	—	5	4	—
压力表规格/MPa	0~25.00,0~4.00	0~25.00,0~1.60	0~25.00,0~0.40	0~25.00,0~4.00	0~25.00,0~4.00	0~2.50,0.~0.25	0~0.16,0~2.50
安全阀泄气压力/MPa	2.90~3.90	1.15~1.60			2.20	0.18~0.24	0.07~0.12
				2.20			
进口连接螺纹	G5/8″	G5/8″	G5/8″	G5/8″	G5/8″	夹环连接	G5/8″左
质量/kg	4	2	2	2	3	2	2
外形尺寸/mm	200×200×210	165×170×160	165×170×160	170×200×142	220×170×220	170×185×3.5	165×190×160

②减压器的构造。氧气、乙炔等气体所用的减压器,在作用原理、构造和使用方法上基本相同,所不同的是乙炔减压器与乙炔瓶的连接所用的是特殊的夹环,并且紧固螺栓加以固定。乙炔减压器见图1-4。

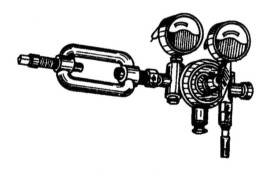

图1-4　乙炔减压器

（3）减压器的使用

①在安装减压器前，先检查减压器接头螺钉是否完好，应保证减压器接头螺钉的螺纹与气瓶瓶阀的连接达到5扣以上，以防因安装不牢而使高压气体射出。同时还要检查高压表和低压表的指针是否处于零位，见图1-5。

图1-5　检查高压表和低压表

②在开启瓶阀前，应先将减压器的调节螺钉旋松，使其处于非工作状态，以免开启瓶阀时损坏减压器。在开启瓶阀时，瓶阀出气口不得对准操作者或他人，以防高压气体突然冲出伤人。

③在调节工作压力时，要缓缓地旋进调节螺钉，以免高压气体冲坏弹簧、薄膜装置和低压表。在停止工作时，应先关闭高压气瓶的瓶阀，然后再放出减压器内的全部余气，放松调节螺钉以使指针降到零位。

④减压器上不得沾染油脂等污物，如有油脂，应擦拭干净后再使用。

⑤严禁不同气体气瓶的减压器和压力表混用。

⑥减压器上若有冻结现象，应用热水或蒸汽解冻，绝不能用火焰烘烤。

4.割炬及气割的辅助工具

割炬是进行气割工作的主要工具。割炬的作用是将可燃气体与助燃气体按一定比例和方式混合燃烧后，形成具有一定热量和形状的预热火焰，并在预热火焰中心喷射出切割氧进行切割。

（1）割炬的分类

①按可燃气体与氧气混合的方式不同可分为低压割炬（射吸式割炬）和等压割炬，其中低压割炬应用较多。

②按用途不同可分为普通割炬、重型割炬、焊割两用炬等。普通割炬的型号及主要技术参数见表1-2。

表1-2 普通割炬的型号及主要技术参数

主要技术参数	割炬型号											
	G01-30			G01-100			G01-300				GD1-100		
结构形式	低压割炬										等压割炬		
割嘴号码	1	2	3	1	2	3	1	2	3	4	1	2	3
割嘴孔径/mm	0.6	0.8	1.0	1.0	1.3	1.6	1.8	2.2	2.6	3.0	0.8	1.0	1.2
切割厚度范围/mm	2~10	10~20	20~30	10~25	25~30	50~100	100~150	150~200	200~250	250~300	5~10	10~25	25~40
氧气压力/MPa	0.20	0.25	0.30	0.20	0.35	0.50	0.50	0.65	0.80	1.00	0.25	0.30	0.35
乙炔压力/MPa	0.001~0.010										0.025~0.100	0.030~0.100	0.040~0.100
氧气消耗量/(m³/h)	0.8	1.4	2.2	2.2~2.7	3.5~4.2	5.5~7.3	9.0~10.8	11.0~14.0	14.5~18.0	19.0~26.0	—	—	—
乙炔消耗量/(L/h)	210	240	310	350~400	400~500	500~610	680~780	800~1100	1150~1200	1250~1600	—	—	—
割嘴形状	环形			梅花形或环形			梅花形				梅花形		

（2）低压割炬的构造及工作原理

①低压割炬的构造。低压割炬的构造见图1-6,其可分为两部分:一部分为预热部分,具有射吸作用,可使用低压乙炔;另一部分为切割部分,由切割氧调节阀、切割氧通道及割嘴组成。

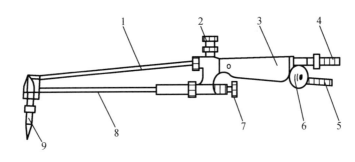

1—切割氧软管(切割氧通道);2—切割氧阀;3—手柄;4—氧气软管接头;
5—乙炔软管接头;6—乙炔阀;7—高压氧气阀;8—混合气体软管(混合气体通道);9—割嘴。

图1-6 低压割炬的构造

低压割炬的割嘴按结构形式不同可分为环形和梅花形两种(图1-7)。

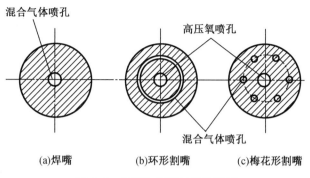

图 1-7　焊嘴与割嘴的截面比较

②低压割炬的工作原理。低压割炬的工作原理见图 1-8。气割时,先打开乙炔开关和高压氧气开关并点火,调节好预热火焰,对割件进行预热,待割件预热至燃点时再开启切割氧阀,此时高速氧气流将割缝处的金属氧化、吹除,并随着割炬的不断移动在割件上形成切口。

(3)气割的辅助工具

①护目镜。护目镜的主要作用是保护焊工,使其眼睛免受火焰光的刺激,便于其在气割过程中仔细观察切口,同时可防止飞溅的金属微粒溅入眼睛内。对于护目镜的镜片颜色及其深浅,焊工应根据需要进行选择,一般宜用 3~7 号的黄绿色镜片。

②氧气软管和乙炔软管。氧气瓶和乙炔瓶中的气体必须用橡胶软管(简称"软管")输送到割炬中,根据《气体焊接设备 焊接、切割和类似作业用橡胶软管》(GB/T 2550—2016)的规定,氧气软管为蓝色,内径为 8 mm,允许工作压力为 1.5 MPa;乙炔软管为红色,内径为 10 mm,允许工作压力为 0.5 MPa。连接割炬的软管长度不能短于 5 m,但长度太长会增加气体流动的阻力,故一般在 10~15 m 之间为宜。软管应禁止沾染油污和漏气,不同气体的软管严禁混用。

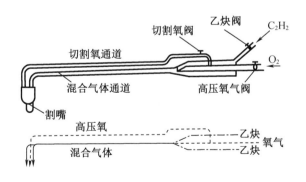

图 1-8　低压割炬的工作原理

③点火枪。使用手枪式点火枪点火最为安全方便。当用火柴点火时,必须把燃烧的火柴从焊嘴或割嘴的后面送到焊嘴或割嘴上,以免手被烧伤。

④其他工具。

a.清理割缝的工具,如钢丝刷、手锤、锉刀等。

b.连接和启闭气体通路的工具,如钢丝钳、铁丝、软管夹头、扳手等。

c.清理割嘴用的通针,一般为一组粗细不等的钢质通针,便于清除堵塞割嘴的脏物。

二、气割火焰的种类和性质

气割火焰一般为氧气和乙炔混合燃烧所形成的火焰(即氧炔焰)。根据氧气与乙炔的体积比不同,可得到3种不同性质的火焰,即中性焰、碳化焰和氧化焰。3种火焰的外形、构造及温度分布各不相同,见图1-9。

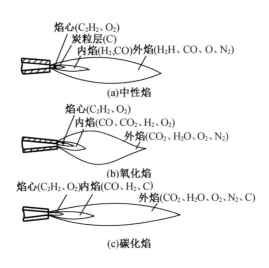

图1-9 氧炔焰的种类、外形及构造

(1)中性焰

氧气和乙炔的体积比为1.1~1.2时,混合气体燃烧所形成的火焰即为中性焰。中性焰在一次燃烧区域内既无过量的氧,也无游离的碳。中性焰的焰心外表分布着乙炔分解所产生的一氧化碳(CO)微粒层,因受高温而使焰心形成光亮且明显的轮廓。在内焰处,乙炔与氧气混合燃烧所生成的一氧化碳和氢气(H_2)形成还原气氛,在与熔化金属相互作用时,能使氧化物还原。中性焰的最高温度在焰心的2~4 mm处,为3 050~3 150 ℃。在用中性焰焊接时主要利用内焰加热焊件。

(2)碳化焰

氧气和乙炔的体积比小于1.1时,混合气体燃烧所形成的火焰即为碳化焰。碳化焰的整个火焰比中性焰长,火焰中有过剩的乙炔,并分解产生游离状态的碳和氢,具有还原性。碳化焰的最高温度为2 700~3 000℃。

(3)氧化焰

氧气和乙炔的体积比大于1.2时,混合气体燃烧所形成的火焰即为氧化焰。氧化焰中有过剩的氧气,火焰氧化反应剧烈,整个火焰长度缩短,内、外焰层次不清。此外,火焰中主要有游离的氧、二氧化碳(CO_2)和水蒸气,故整个火焰具有氧化性。氧化焰的最高温度为3 100~3 300℃。

三、气割的原理和条件

1.气割的原理

金属的气割过程包括3个阶段(图1-10):第一,在气割开始时,用预热火焰将金属(起割处)预热到燃点;第二,向金属喷射出切割氧,使其燃烧;第三,金属燃烧氧化后生成熔渣并产生反应热,此时熔渣被切割氧吹除,所产生的热量和预热火焰热量将下层金属加热到燃点,从而持续地将金属割穿,并且随着割炬的移动,金属被切割成所需的形状和尺寸。所以,金属的气割过程实质上是金属在纯氧中燃烧的过程,而非熔化过程。

2. 气割的条件

简单来说,气割过程即预热—燃烧—吹渣。但并不是所有的金属都能满足这一过程的要求,可进行气割的金属必须具备下述条件:

(1)金属的燃点应低于其熔点

含碳量大于 0.7%(质量分数)的高碳钢,由于燃点比熔点高,所以不易气割。此外,铝(Al)、铜(Cu)及铸铁的燃点比熔点高,所以这些金属不能用普通气割方式切割。

(2)金属在气割时生成氧化物的熔点应低于金属本身的熔点

高铬钢或铬镍钢在加热时会生成高熔点(约 1 990 ℃)的三氧化二铬(Cr_2O_3),铝及铝合金在加热时则会生成高熔点(约 2 050 ℃)的三氧化二铝(Al_2O_3),所以这些金属不能用气割方式切割,而只能用等离子切割。

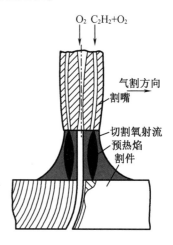

图1-10　气割过程示意图

(3)金属在切割氧中的燃烧应是放热反应

例如,在气割低碳钢时,由金属燃烧所产生的热量约占气割产生总热量的70%,预热火焰所产生的热量约占30%,二者共同对金属进行加热才能使气割持续进行。

(4)金属的导热性不应太好

例如,铝和铜的导热性较好,使气割发生困难。

(5)金属中阻碍气割过程和提高可淬性的杂质要少

目前,铸铁、高铬钢、铬镍钢,铜、铝及其合金均由于上述原因而一般只能采用等离子切割。

四、气割工艺参数

气割工艺参数主要包括切割氧的压力、气割速度、预热火焰的能率、割嘴与割件间的倾角、割嘴与割件表面的距离等。气割工艺参数的选择直接影响切口表面的质量。而气割工艺参数的选择主要取决于割件厚度。

1. 切割氧的压力

在其他条件都确定的情况下,切割氧的压力对气割质量有极大的影响。如切割氧的压力不足,会引起金属燃烧不完全,这样不仅会降低气割速度,而且难以将熔渣全部吹除,这会出现割不透的问题,而且割缝的背面会有挂渣。如切割氧的压力太大,则过剩的氧气起了冷却作用,这样不仅会影响气割速度,而且会使割口表面粗糙、割缝加大,同时也浪费氧气。

一般来说,切割氧的压力的选择依据是:随割件厚度的增大或割嘴号码的增大,切割氧的压力增大;当氧气纯度低时,要相应增大切割氧的压力。表1-3所示为钢板厚度与气割速度、切割氧的压力的关系。

表1-3　钢板厚度与气割速度、切割氧的压力的关系(1)

钢板厚度/mm	气割速度/(cm/min)	切割氧的压力/MPa
4	40~50	0.250
10	34~45	0.350
15	30~37	0.375
20	26~35	0.400
25	24~27	0.425
30	21~25	0.450

2. 气割速度

气割速度与割件厚度有关。割件越厚,气割速度越慢;割件越薄,气割速度越快。气割速度过慢,会使割缝边缘熔化;速度太快,会产生很大的后拖量(沟纹倾斜)或割不穿。气割速度的正确与否主要根据割缝后拖量来判断。后拖量是指切割面上切割氧流轨迹的始点与终点在水平方向的距离(图1-11)。

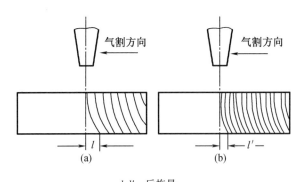

l、l'—后拖量。

图1-11　气割速度对后拖量的影响

3. 预热火焰的能率

预热火焰的作用是加热金属割件,并始终保持其在氧气流中燃烧的温度,同时使其表面上的氧化皮剥离和熔化,便于切割氧流与金属化合。

预热火焰的能率以可燃气体(乙炔)每小时的消耗量来表示。预热火焰的能率与割件厚度有关,即割件越厚,能率越大。但应注意:能率过大会使割缝边缘熔化,同时造成割缝的背面粘渣增多,进而影响气割质量;能率过小会使割件得不到足够的热量,导致气割速度减慢,甚至使气割过程发生困难。

当金属割件厚度较小时,要采用较小的能率。

4. 割嘴与割件间的倾角

割嘴与割件间的倾角直接影响气割速度和后拖量。当割嘴沿气割方向的相反方向倾斜一定的角度时,能使氧化燃烧产生的熔渣吹向切割线的前缘,这样可充分利用燃烧反应产生的热量来减小后拖量,从而提高气割速度。割嘴与割件间的倾角见图1-12。

割嘴与割件间的倾角主要根据割件厚度而定。

5. 割嘴与割件表面的距离

在气割过程中,割嘴与割件间的距离越近,越能提高气割速度和质量。但距离过近,预热火焰会将割件边缘熔化,导致割件表面的氧化皮堵塞割嘴孔,从而造成回烧。所以,割嘴与割件表面的距离不能太近。

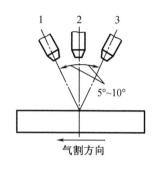

5°~10°

气割方向

1—割嘴沿切割方向的倾角;

2—割嘴垂直;

3—割嘴与气割方向相反的倾角。

图1-12　割嘴与割件间的倾角

割嘴与割件表面的距离要根据预热火焰的长度和割件厚度而定,并且应使加热条件最好。通常情况下,距离为3~5 mm。

此外,气割质量的好坏还与金属割件的质量及表面状况(氧化皮等)、割缝的形状(直线、曲线或坡口等)等因素有关。

五、回火及回烧防止器

1. 回火

在气焊、气割工作中,有时会发生气体火焰进入喷嘴内而逆向燃烧的现象,称为回火。回火有逆火和回烧两种。

逆火:火焰向喷嘴孔逆行,同时伴有爆鸣声的现象,也称爆鸣回火。

回烧:火焰向喷嘴孔逆行,并继续向混合室和气体管路燃烧的现象。这种回火可能烧毁焊(割)炬、管路,并可能引起可燃气体贮罐的爆炸,也称倒袭回火。

发生回火的根本原因是混合气体从焊(割)炬喷射孔喷出的速度小于混合气体燃烧的速度。

混合气体的燃烧速度一般是不变的,如果由于某些原因而使气体的喷射速度降低,就有可能发生回火现象。一般影响混合气体喷射速度的原因有以下几点:

①输送气体的软管太长、太细,或者曲折太多,这使气体在管内流动的阻力变大,从而降低了气体的流速。

②焊接(或切割)时间太长,或者焊(割)嘴太靠近焊(割)件,会使焊(割)嘴温度升高,焊(割)炬内气体压力增大,从而增大了混合气体流动的阻力,降低了气体的流速。

③焊(割)嘴的端面黏附了许多飞溅出来的熔化的金属微粒,堵塞了喷射孔,使混合气体不能畅通地流出。

④输送气体的软管内壁黏附了杂质颗粒,增大了混合气体流动的阻力,降低了气体的流速。

⑤气体管道内存在氧气和乙炔的混合气体。

2. 回烧防止器

为了防止回火的发生,必须在乙炔软管和乙炔瓶之间安装专门的防止回火的设备——回烧防止器。回烧防止器的作用主要有两个:一是把倒流的火焰与乙炔瓶隔绝开来;二是在回烧发生时立即将乙炔的来源切断,这样在残留在回烧防止器内的乙炔燃烧完毕后,倒流的火焰就可自行熄灭。

回烧防止器一般有水封式和干式两种,这里重点介绍干式回烧防止器。中压式冶金片干式回烧防止器的构造见图1-13。

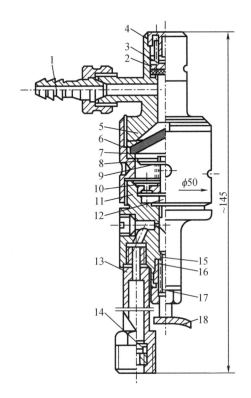

1—出气接头;2—泄气密封垫;3—调压弹簧;4—调节螺母;5—上主体;6—粉末冶金片;7—密封圈;
8—承压片;9—托位弹簧;10—导向圈;11—下主体;12—阀芯;13—进气管;14—过滤片;15—复位阀杆;
16—复位弹簧;17—O 形密封圈;18—手柄。

图 1-13   中压式冶金片干式回烧防止器(单位:mm)

干式回烧防止器的种类很多,其工作原理是:在正常工作时,乙炔由进气管 13 进入,经过滤片 14,清除乙炔气体中的杂质,确保粉末冶金片 6 的清洁。乙炔流经锥形阀芯 12 的外围,由导向圈 10 上的小孔及承压片 8 周围的空隙中分配流出,透过粉末冶金片 6,由出气接头 1 送出,供给焊割使用。

当发生回烧时,倒流的火焰从出气接头 1 烧入上主体 5 内爆炸室,使爆炸室内的压力立即升高,瞬时将泄压装置的泄气密封垫 2 打开,此时燃烧气体就散发到大气中,而由于粉末冶金片 6 的作用,燃烧气体的传播被制止,防止了回烧。另外,由于爆炸气压透过粉末冶金片 6 作用于承压片 8 上,带动锥形阀芯 12 向下移动,阀芯上的锥体被锁在下主体 11 的锥形孔上,切断了气源,使供气停止。

3. 回火现象的处理

一旦发生回火(火焰爆鸣熄灭,并发出"嘶嘶"的火焰倒流声),应迅速关闭乙炔调节阀和氧气调节阀,切断乙炔和氧气的来源。当回火熄灭后,再打开氧气阀,将残留在焊(割)炬内的余焰和烟灰彻底吹除,重新点燃火焰并继续工作。若工作时间很长,焊(割)炬过热,则可将其放入水中冷却,在清除喷嘴上的飞溅物后再重新使用。

【任务实施】

一、工作准备

1. 设备与工具

氧气瓶、乙炔瓶、氧气减压器、乙炔减压器、G01-30型割炬(含割嘴)、辅助工具(护目镜、通针、扳手、点火枪、钢丝刷、钢丝钳等),见图1-14、图1-15。

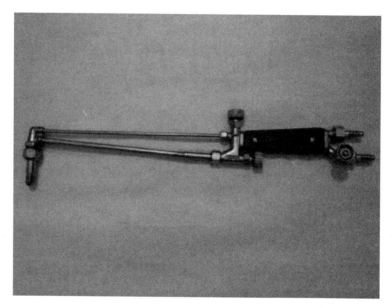

图1-14　G01-30型割炬

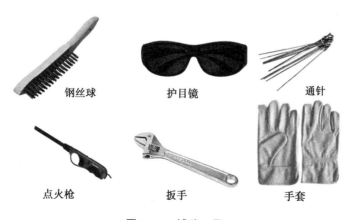

图1-15　辅助工具

2. 气体

氧气瓶和乙炔瓶见图1-16。

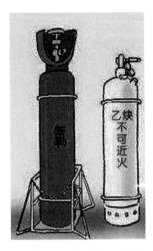

图 1-16　氧气瓶和乙炔瓶

3. 割件

Q235 钢板,厚度为 6 mm。

二、工作程序

1. 检查工作场地和气割设备

检查工作场地是否符合安全要求,工作场地周围 5 m 范围内禁止堆放易燃易爆物品且应有消防器材,并保证工作场地内有足够的照明和良好的通风;氧气瓶和乙炔瓶要分开放置,二者之间的距离不得小于 5 m,与动火作业点之间的距离需保持 10 m 以上。检查割炬、氧气瓶、乙炔瓶(或乙炔发生器及回烧防止器)、橡胶软管、压力表等是否正常,并将气割设备按安全操作规程连接好。

手工火焰切割前的准备工作等内容可扫描二维码了解。

2. 清理割件表面

将厚度为 6 mm 的 Q235 钢板的表面用钢丝刷仔细清理,去除鳞皮、铁锈、尘垢及油污等,并用耐火砖或专用设备垫起,使其下面留有一定的间隙,以便散放热量和排除熔渣。在切割时,为了防止操作者被飞溅的氧化铁渣烧伤,必要时可加挡板进行遮挡。由于水泥地面遇高温后会崩裂,因此禁止将割件放在水泥地上切割。

手工火焰切割前的
准备工作

3. 将氧气调节到所需要的压力

对于低压割炬,应检查割炬是否具有射吸能力。检查方法是:先拔下乙炔进气管并将其弯折起来,再打开乙炔阀和预热氧阀,这时将手指放在割炬的乙炔进气管接头上,如果手指感到有抽力并能吸附在乙炔进气管接头上,说明割炬有射吸能力,可以使用;反之,说明割炬不正常,不能使用,应进行检查并修理。

4. 检查风线

风线即切割氧流。检查风线的方法是:先点燃火焰并将预热火焰调至适当大小,然后打开切割氧阀,观察风线的形状。风线应为笔直、清晰的圆柱体并有适当的长度,这样才能使割件切口表面光滑干净、宽窄一致。如果风线不规则,则应关闭所有阀,用通针或其他工具修整割嘴的内表面,使之光滑。

5.切割操作

（1）操作姿势

双脚呈"八"字形蹲在割件的一旁,右手握住割炬手柄,同时右手拇指和食指握住预热氧阀,右臂靠右膝盖,左臂悬空在两脚中间,左手拇指和食指把住并控制切割氧阀,其余手指平稳地托住混合管,此时左手同时起把握方向的作用,见图1-17。眼睛注视割件和割嘴,在切割时注意观察割线,呼吸要均匀、有节奏。

图1-17　手工火焰切割的操作姿势

（2）预热和起割

在割件的割线右端开始预热,待预热处呈现亮红色时将火焰略微移至边缘以外,同时慢慢打开切割氧阀,见图1-18。当看到预热的红点在氧气中被吹掉时,进一步加大切割氧阀,可看到割件的背面飞出鲜红的氧化铁渣,这说明割件已被割透,此时再将割炬以正常的速度从右向左移动,见图1-19。

图1-18　手工火焰切割预热

图1-19 手工火焰切割起割

（3）正常切割

起割后即进入正常的气割阶段。在整个气割过程中要做到如下几点：

①割炬移动的速度要均匀。割嘴到割件表面的距离应保持一定。

②若割缝较长，则操作者在变换身体位置时应先关闭切割氧阀，待变换好位置后再对准切口的切割处重新预热、起割。

③在气割过程中，有时会由于各种原因而出现爆鸣和回火现象，此时应迅速关闭预热氧阀，防止氧气倒流入乙炔管，造成进一步回火。如果在关闭阀后仍然听到割炬内有"嘶嘶"的响声，说明火焰没有熄灭，此时应迅速关闭乙炔阀。

6.停割

停割时，应先将切割氧阀关闭，再将割嘴从割件上移开，注意割嘴不能直接着地，见图1-20。

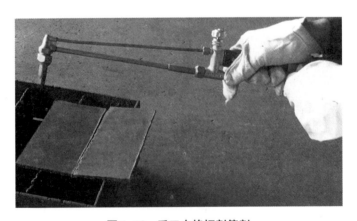

图1-20 手工火焰切割停割

7.工作完毕

操作者工作完毕后，必须关闭乙炔阀和氧气阀，整理好软管，并按规定堆放割件，清扫场地，保持整洁。最后，操作者要确认已经关闭气源、熄灭火种等，在消除有可能引起火灾、爆炸的隐患后方可离开。

8. 特别提醒

（1）在进行薄板气割时一定要选择合适的气割工艺参数，如较小的预热火焰能率、切割氧压力和较快的切割速度。气割时，可以将割嘴沿切割方向的反向倾斜一定的角度，倾角见图1-12中的3，以防止切割处因过热而熔化。

（2）气割风线的形状是保证气割质量的前提。

（3）气割时，除了要仔细观察割嘴和切口外，同时要注意：当听到"噗噗"声时为割穿，否则为未割穿。

（4）气割时，应常用通针疏通割嘴；若割嘴过热则应将其浸入水中冷却。

（5）气割完毕后要除去熔渣，并对割件进行检查。

【手工火焰切割薄板工作单】

计划单

学习情境1	手工火焰切割钢板		任务1		手工火焰切割薄板
工作方式	组内讨论，团结协作，共同制订计划。小组成员进行工作讨论，确定工作步骤		计划学时		0.5学时
完成人	1.	2.	3.	4.	5. 　　　　6.

计划依据：1.零件图；2.手工火焰切割工艺

序号	计划步骤	具体工作内容描述
1	准备工作（准备工具。谁去做？）	
2	组织分工（成立组织。人员具体都完成什么？）	
3	制定气割工艺方案（如何进行气割？）	
4	气割操作（在气割前准备什么？如何进行气割操作？遇到问题时如何解决？）	
5	整理资料（谁负责？整理什么？）	
制订计划说明	（对各人员完成任务提供可借鉴的建议或对计划中的某些方面做出解释。）	

决策单

学习情境 1	手工火焰切割钢板	任务 1	手工火焰切割薄板
决策学时		0.5 学时	

决策目的:手工火焰切割薄板工艺方案对比分析,比较切割质量、切割时间、切割成本等

	组号成员	工艺的可行性 (切割质量)	切割的合理性 (切割时间)	切割的经济性 (切割成本)	综合评价
工艺方案对比	1				
	2				
	3				
	4				
	5				
	6				
决策评价	结果:(将自己的工艺方案与组内成员的工艺方案进行对比并分析,对自己的工艺方案进行修正并说明修正原因,确定一个最佳方案。)				

检查单

学习情境1	手工火焰切割钢板	任务1	手工火焰切割薄板
评价学时		课内:0.5 学时	第　　　组

检查目的及方式	教师对小组的工作过程和工作情况进行检查。如检查后等级为不合格,则小组需要进行整改并做出整改说明

序号	检查项目	检查内容	检查结果分级 (在检查相应的分级框内画"√")				
			优秀	良好	中等	合格	不合格
1	准备工作	资源是否查到;材料是否齐备					
2	分工情况	安排是否合理、全面;分工是否明确					
3	工作态度	小组工作是否积极、主动且全员参与					
4	纪律出勤	是否按时完成所负责的工作内容,遵守工作纪律					
5	团队合作	成员是否互相协作、互相帮助,并听从指挥					
6	创新意识	任务完成过程是否不照搬照抄;看问题是否有独到见解和创新思维					
7	完成效率	工作单记录是否完整;是否按照计划完成任务					
8	完成质量	工作单填写是否准确;工艺是否达标					
检查评语						教师签字:	

任务评价

1. 小组工作评价单

学习情境 1	手工火焰切割钢板		任务 1		手工火焰切割薄板	
评价学时			课内：0.5 学时			
班级：			第 组			
考核情境	考核内容及要求	分值/分	小组自评（10%）/分	小组互评（20%）/分	教师评价（70%）/分	实得分（Σ）/分
汇报展示（20分）	演讲资源利用	5				
	演讲表达和非语言技巧应用	5				
	团队成员补充配合程度	5				
	时间与完整性	5				
质量评价（40分）	工作完整性	10				
	工作质量	5				
	报告完整性	25				
团队情感（25分）	核心价值观	5				
	创新性	5				
	参与率	5				
	合作性	5				
	劳动态度	5				
安全文明（10分）	工作过程中的安全保障情况	5				
	工具正确使用、保养和放置规范性情况	5				
工作效率（5分）	能够在要求的时间内完成，每超时 5 min 扣 1 分	5				

2. 小组成员素质评价单

学习情境 1	手工火焰切割钢板		任务 1		手工火焰切割薄板	
班级		第 组		成员姓名		
评分说明	每个小组成员的评分包括自评分和小组其他成员评分两部分,取平均值作为该小组成员最终得分。评分项目共包括以下5项。评分时,每人依据评分内容进行合理量化评分。小组成员在进行自评分后,要找小组其他成员以不记名的方式进行评分					

评分项目	评分内容	自评分	成员1评分	成员2评分	成员3评分	成员4评分	成员5评分
核心价值观(20分)	有无违背社会主义核心价值观的思想及行动						
工作态度(20分)	是否按时完成所负责的工作且遵守纪律;是否积极主动参与小组工作;是否全过程参与;是否吃苦耐劳;是否具有工匠精神						
交流沟通(20分)	能否良好地表达自己的观点;能否倾听他人的观点						
团队合作(20分)	能否与小组成员合作完成任务,并做到互相协作、互相帮助且听从指挥						
创新意识(20分)	对待问题能否独立思考,提出独到见解;能否创新思维以解决遇到的问题						
小组成员最终得分							

课后反思

学习情境 1	手工火焰切割钢板	任务 1	手工火焰切割薄板
班级	第　　组	成员姓名	
情感反思	通过本任务的学习和实训,你认为自己在社会主义核心价值观、职业素养、学习和工作态度等方面有哪些部分需要加强?		
知识反思	通过本任务的学习,你掌握了哪些知识点?		
技能反思	在本任务的学习和实训过程中,你主要掌握了哪些技能?		
方法反思	在本任务的学习和实训过程中,你主要掌握了哪些分析问题和解决问题的方法?		

任务2 手工火焰切割厚板

【任务工单】

学习情境1	手工火焰切割钢板	任务2	手工火焰切割厚板
任务学时		课内4学时(课外4学时)	
布置任务			
任务目标	1.能够对气割所用设备、工具、夹具进行安全检查并正确使用割炬及其辅助工具。 2.能够选择低碳钢薄板气割的工艺参数。 3.能够根据厚度选择割炬的型号、调整气体的流量。 4.能够分析影响低碳钢板手工气割割缝表面质量的因素		
任务描述	手工火焰切割机作为早期我国机械加工业的基础性设备,一直以来都为广大企业所熟悉。随着数控切割机的普及,尽管已经有部分企业对相关切割设备进行了升级,但仍然有部分企业还在继续使用类似的手工切割设备。通过本任务的学习,学生能够选择合适的割炬、工具和夹具;能连接氧气瓶、乙炔瓶、氧气压力瓶、乙炔减压瓶、割炬、割嘴、氧气软管、乙炔软管;选择合适的切割工艺参数,熟练对厚度为50 mm的低碳钢板进行手工火焰切割		

学时安排	资讯 1学时	计划 0.5学时	决策 0.5学时	实施 1学时	检查 0.5学时	评价 0.5学时

提供资源	G01-30型割炬(含割嘴)、氧气瓶、乙炔瓶、氧气减压器、乙炔减压器、辅助工具(护目镜、通针、扳手、点火枪、钢丝刷、钢丝钳等),厚度为50 mm的Q235钢板
对学生的学习过程及学习成果的要求	1.能够在实训前进行安全检查。 2.严格遵守实训基地的各项管理规章制度。 3.根据实训要求,能够选择气割的工艺参数。 4.每位同学均能自主学习"课前自学"部分内容,并能完成相应的课后习题。 5.严格遵守课堂纪律;学习态度认真、端正;能够正确评价自己和同学在本任务中的素质表现。 6.每位同学必须积极参与小组工作,承担制定工艺参数、合理选择割炬型号等工作,做到积极主动不推诿,能够与小组成员合作完成工作任务。 7.每位同学均需独立或在小组成员的帮助下完成任务工作单等,并提请教师检查、签认;仔细思考他人提出的建议,及时改正错误。 8.每组必须完成任务工单,并提请教师进行小组评价;小组成员分享小组评价分数或等级。 9.每位同学均需完成"课后反思"部分,以小组为单位提交

【课前自学】

一、厚度为 50 mm 的低碳钢板的气割工艺参数

1. 割炬和割嘴的选择

从表 1-2 可知,现要切割厚度为 50 mm 的低碳钢板,应选择 G01-100 的割炬。该割炬一般可以配 1、2、3 号割嘴,其割嘴型号及其技术参数见表 1-4。由表 1-4 可知,在气割厚度为 50 mm 的低碳钢板时要选择 3 号割嘴。

表 1-4　G01-100 割嘴型号及其技术参数

型号	割嘴号码	割嘴形状	气割厚度/mm	切割氧孔径/mm	气体压力/MPa		气体消耗量	
					氧气	乙炔	氧气/(m³/h)	乙炔/(L/h)
G01-100	1	整体形（梅花形）	10~25	1.0	0.3	0.06	3~5	350~400
	2		25~50	1.3	0.4	0.07	5~7	460~500
	3		50~100	1.6	0.5	0.08	6~8	550~600

2. 气割工艺参数

气割工艺参数主要包括预热火焰的能率、切割氧的压力、气割速度、割嘴与割件间的倾角和割嘴与割件表面的距离等。气割工艺参数的选择直接影响切口表面的质量,而气割工艺参数的选择主要取决于割件厚度。

（1）预热火焰的能率

气割时,预热火焰必须能够提供足够的热量,满足气割加热速度的要求。一般来说,工件厚度越厚,预热火焰的能率也要越大,但二者之间的关系不成正比例。预热火焰的能率过大或过小都会影响气割质量,见表 1-5。此外,对于厚度相同的割件,切割速度越快,需要选择的预热火焰的能率越大;切割速度越慢,需要选择的预热火焰的能率越小。

表 1-5　预热火焰的能率对气割质量的影响

项目	内容		
预热火焰的能率	过小	过大	正常
对气割质量的影响	不能正常维持金属燃烧所需热量,易中断气割	切口上缘会出现熔化、塌角、连珠等切割缺陷;切口下部粘连、挂渣多,不易清除,尤其是薄板切割;预热火焰混合气体消耗量大	能保证切割速度正常;切口细窄、光洁、整齐;无挂渣或挂渣较少;预热火焰混合气体消耗量正常

气割时,一般将火焰调整为中性焰,火焰的强度要适中;或者使用轻度碳化焰,以免切口上缘熔塌,同时也可使外焰长一些。在切割厚板时,预热火焰要大,气割气流长度要超过

割件厚度的1/3。

（2）切割氧的压力

调整好火焰后，应当放出切割氧，检查火焰性质是否有变化。钢板越厚，切割氧的压力越大。在气割厚度为50 mm的钢板时，切割氧的压力参照表1-5选择0.5 MPa。

（3）气割速度

气割速度与割件厚度和割嘴形状有关。选定割嘴后，割件厚度大，气割速度则慢，反之则快。气割时，后拖量是难免的，因此要求采用的气割速度应以割缝产生的后拖量较小为原则。此外，气割速度与切割氧的压力有关。在一定范围内，切割氧的压力越大，选择的气割速度越快；切割氧压力越小，选择的气割速度越慢，见表1-6。

表1-6 钢板厚度与气割速度、切割氧的压力的关系（2）

钢板厚度/mm	气割速度/(cm/min)	切割氧的压力/MPa
40	18~23	0.45
60	16~20	0.50
80	15~18	0.60
100	13~16	0.70

（4）割嘴与割件间的倾角

当气割厚度大于30 mm的钢板时，起割时应前倾10°~15°（图1-21（a）），之后逐渐将割炬直立起来（图1-21（b）），直至割透。在中间的气割过程中，割嘴应垂直于割件。快要割完时，割嘴逐渐后倾10°~15°，直至气割结束，见图1-21（c）。

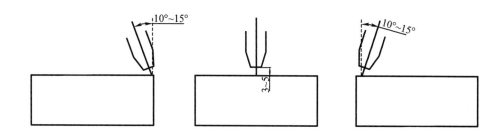

图1-21 割嘴倾角（单位：mm）

（5）割嘴与割件表面的距离

气割时不能用焰心预热，以防出现渗碳，并且火焰的焰心不能接触割件。因此，割嘴与割件表面的距离应为3~5 mm。对于厚件，预热火焰的能率越大，割嘴与割件表面的距离应越远。

二、手工火焰切割厚板的操作要点

起割时，应先预热钢板的边缘，待切口位置出现微红的时候，将火焰局部移至边缘线以外，同时慢慢打开切割氧阀。当有氧化铁渣随切割氧流一起飞出时，证明已经割透，这时应移动割炬并逐渐向前切割。

气割时，割嘴与割件表面的距离应根据火焰的焰心长度来决定，最好使焰心尖端距割

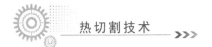
件 1.5~3.0 mm,绝不可使火焰焰心触及割件表面。为了保证割缝质量,在整个气割过程中,应使割嘴到割件表面的距离保持一定。

在气割过程中,有时因割嘴过热和氧化铁渣飞溅而出现割嘴被堵住或乙炔供应不及时,割嘴产生爆鸣并发生回火的现象。这时应迅速关闭预热氧阀,防止氧气倒流并进入乙炔管内,使回火熄灭。如果此时割炬内还在发出"嘶嘶"的响声,说明割炬内回火尚未熄灭,这时应迅速将乙炔阀关闭或迅速拔下割炬上的乙炔软管,使回火的火焰气体排出。处理完毕后,应先检查割炬的射吸能力,然后才能重新点燃割炬。

在气割过程中,若操作者需移动身体位置,则应先关闭切割氧阀,再移动身体位置。如果切割较薄的钢板,在关闭切割氧阀的同时,应使火焰迅速离开钢板表面,以防钢板因薄而受热过快,引起变形和使割缝重新黏合。若要继续切割,则割嘴一定要对准割缝的接割处,并适当预热,然后慢慢打开切割氧阀,继续切割。

切割临近终点时,割嘴应向切割前进的反方向倾斜一些,以利于钢板的下部提前割透,使收尾的割缝较整齐。当切割到达终点时,应迅速关闭切割氧阀并将割炬抬起,然后关闭乙炔阀,最后关闭预热氧阀。如果停止工作时间较长,应将氧气阀关闭,松开减压器调节螺钉,并将氧气软管中的氧气放出。结束切割工作时,应将减压器卸下并将乙炔供气阀关闭。

三、厚板的气割质量要求

1. 切割表面的垂直度(平面度)偏差(C)要求

切割表面的垂直度(平面度)偏差即实际切割断面与被切割金属表面的垂线之间的最大偏差,或是沿切割方向垂直于切割面上的凹凸程度,见图 1-22。切割表面的垂直度偏差要求见表 1-7。

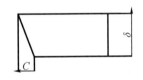

表 1-7　切割表面的垂直度偏差要求

项目	内容			
板材厚度/mm	3~20	>20~40	>40~63	>63~100
垂直度偏差/mm	1.0	1.4	1.8	2.2

图 1-22　切割表面的垂直度偏差

2. 切割表面的粗糙度(G)要求

切割表面的粗糙度即切割表面波纹的峰与谷之间的距离(取任意 5 点的平均值),见图 1-23。不重要的切割表面的粗糙度一般小于 0.35 mm,具体可根据各单位技术文件各自要求。

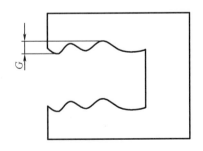

图 1-23　切割表面的粗糙度

3.切割表面的直线度(P)要求

切割表面的直线度即在切割直线时,起止两端沿切割方向连成的直线与实际切割面之间的间隙,见图1-24。其公差由板厚δ和长度L决定,一般应符合表1-8的规定。

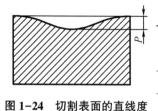

图1-24　切割表面的直线度

表1-8　切割表面的直线度要求

板厚δ/mm	长度L/mm			
	$L \leq 500$	$500 < L \leq 1\ 000$	$1\ 000 < L \leq 1\ 500$	$L > 1\ 500$
>4.5~9.0	1.0	1.5	2.0	2.5
>9.0	1.0	1.5	2.0	3.0

4.切割表面上缘熔化程度要求

切割表面上缘熔化程度即切割产生塌角和形成间断或连续性熔滴及熔化条状物的程度。一般手工火焰切割厚板时会连续出现熔融金属,宽度≤ 1.5 mm,不能有较大的圆角塌边。

5.挂渣要求

挂渣即切割面下缘附着的铁的氧化物。一般只允许有条状挂渣,用铲刀可清除,留有少量痕迹。

四、调节气割火焰

1.气割的安全操作规程

(1)在氧乙炔焊割前应先检查瓶阀,若有冻结,严禁用火焰烘烤或用铁器猛击。一般来说,氧气瓶阀可用热水或蒸汽解冻,乙炔瓶阀可用40 ℃以下的热水解冻。

(2)气割时,氧气瓶和乙炔瓶必须配有合格的减压器。此外,乙炔瓶还必须配有回烧防止器。

(3)氧气瓶和乙炔瓶等的减压器禁止混用。

(4)安装减压器前要略打开气瓶瓶阀,吹除污物,以防灰尘和水分进入减压器。

(5)开气速度和动作必须缓慢,并且人必须站在瓶阀的侧面。

(6)氧气瓶减压器禁止与油脂接触,如发现减压器出现漏气、表针动作不灵等不正常现象,应及时用热水解冻,严禁用火焰烘烤。减压器在加热后必须除去残留水分。

(7)气瓶内的气体不得用尽,氧气瓶必须留0.10~0.20 MPa的余气;乙炔瓶的余气量与环境温度有关,温度为0~40 ℃时,一般剩余压力为0.05~0.30 MPa。

(8)割炬在使用前必须进行致密性、射吸性检查。

(9)焊(割)炬严禁沾染油脂。

(10)在进行焊(割)作业时,操作者必须穿好工作服,戴好工作帽和护目镜等防护用品。

(11)在进行焊(割)作业时,不准在木板、木砖地上操作。

(12)如发生回火,不要慌,应立即关闭焊(割)炬的乙炔阀和氧气阀。

（13）工作完毕后，必须关闭乙炔阀和氧气阀，整理好软管，按规定堆放工件，清扫场地，保持整洁。

（14）操作结束后应关闭气源、熄灭火种等，以免留下火灾、爆炸隐患，确认安全后方可离开。

2. 气割准备

（1）检查气割场地

在 5 m 范围以内禁止堆放易燃易爆物品，场地内应备有消防器材，保证足够的照明和良好的通风；焊接场地 10 m 内不应贮存油类，或其他易燃、易爆物质的贮存器皿或管线、氧气瓶等。

（2）准备气割用辅助工具

如合适的护目镜，长度足够的氧气管和乙炔管，清理割嘴用的通针等。

3. 火焰调节程序

（1）调节氧气

先用扳手开启氧气瓶阀。开启时，操作者应站在出气口的侧面，先拧开瓶阀以吹掉出气口内的杂质，再将瓶阀与氧气减压器相连，调节氧气压力为 0.5 MPa。

（2）调节乙炔

用乙炔专业工具开启乙炔瓶阀，调节乙炔压力为 0.05 MPa。

特别注意：开启和关闭瓶阀时用力不要过猛。

（3）正确握炬

将拇指位于切割氧阀处，食指位于氧气阀处，其余三指握住焊炬柄。

（4）点燃火焰

先微微打开乙炔阀放出少量乙炔，再微开氧气阀放出少量氧气，然后用打火枪从喷嘴的后侧靠近点燃火焰。

（5）调节火焰

点燃火焰后，将乙炔流量适当调大，同时再将氧气流量适当调大。此时观察火焰情况，如火焰有明显的内焰，颜色较红时，为碳化焰，可适当加大氧气流量；如火焰无内焰并发出"嘶嘶"声时，为氧化焰，可适当减小氧气流量；如火焰的内焰较短并作轻微闪动时，为中性焰。

（6）熄灭火焰

当需要将火焰熄灭时，应先将乙炔阀关闭，再将氧气阀关闭，也可以快速同时关闭氧气阀和乙炔阀。

特别提醒：在点火时，如果出现连续的放炮声，说明乙炔不纯，可先放出不纯的乙炔，然后重新点火；如出现不易点燃的现象，可能是氧气太多，可将氧气的量适当减少后再点火。此外，在操作中阀门调节要轻缓，不要将阀门关得过紧，以防止磨损过快而降低焊炬的使用寿命。

五、气割质量要求和常见缺陷分析

气割时要控制好气割质量,否则会影响到割件的尺寸和精度,气割切口表面质量的具体要求如下:

(1)切口表面应光滑干净,割纹粗细要均匀。

(2)气割的氧化铁挂渣要少,而且容易脱落。

(3)气割切口的间隙要窄,而且宽窄一致。

(4)气割切口的钢板没有熔化现象,棱角完整。

(5)切口应与割件平面相垂直。

(6)割缝不歪斜。

(7)气割姿势要正确,工作中要有"6S"意识。

气割常见缺陷的产生原因及预防方法见表1-9。

表1-9　气割常见缺陷的产生原因及预防方法

缺陷形式	产生原因	预防方法
气割中断、割不透	1.预热火焰的能率小。 2.切割速度太快。 3.切割氧压力小。 4.材料缺陷	1.检查氧气、乙炔压力,检查管道和割炬通道有无堵塞、漏气,调整火焰。 2.放慢切割速度。 3.提高切割氧压力及流量。 4.从反面重新切割
切口过宽	1.割嘴号码太大。 2.氧气压力过大。 3.切割速度太慢	1.换小号割嘴。 2.调整氧气压力。 3.加快切割速度
后拖量过大	1.切割速度太快。 2.预热火焰的能率不足。 3.割嘴倾角不当	1.降低切割速度。 2.增大预热火焰的能率。 3.调整割嘴后倾角度
切口不直	1.钢板放置不平。 2.钢板变形。 3.风线不正。 4.割炬不稳定。 5.切割机轨道不直	1.检查平台,将钢板放平。 2.切割前校平钢板。 3.调整割嘴垂直度。 4.尽量采用直线导板。 5.修理或更换轨道
切口断面纹路粗糙	1.氧气纯度低。 2.氧气压力太大。 3.预热火焰的能率小。 4.割嘴距离不稳定。 5.切割速度不稳定	1.更换氧气。 2.适当减小氧气压力。 3.加大预热火焰的能率。 4.稳定割嘴距离。 5.调整切割速度,检查设备

表 1-9(续)

缺陷形式	产生原因	预防方法
棱角熔化、塌边	1. 割嘴距离太近。 2. 预热火焰的能率大。 3. 切割速度过慢	1. 提高割嘴高度。 2. 火焰调小或更换割嘴。 3. 提高速度
下缘挂渣或熔渣吹不掉	1. 氧气纯度低。 2. 预热火焰的能率大。 3. 氧气压力太低。 4. 切割速度慢	1. 更换氧气。 2. 更换割嘴,调整火焰。 3. 提高氧气压力。 4. 调整速度
气割厚度出现喇叭口	1. 切割速度过慢。 2. 风线不好	1. 提高速度。 2. 适当增大氧气流速
切口被熔渣黏结	1. 氧气压力小、风线太短。 2. 切割薄板时切割速度低	1. 增大氧气压力,检查割嘴。 2. 提高速度,调整割嘴与割件表面的夹角
割后变形严重	1. 预热火焰的能率大。 2. 切割速度慢。 3. 切割顺序不合理。 4. 未采取工艺措施	1. 调整火焰。 2. 提高切割速度。 3. 按工艺采用正确的切割顺序。 4. 采用夹具,选用合理的起割点等工艺措施
碳化严重	1. 氧气纯度低。 2. 火焰种类不对。 3. 割嘴距离工件近	1. 更换氧气。 2. 避免碳化焰出现。 3. 提高割嘴高度
产生裂纹	1. 工件含碳量高。 2. 工件厚度大	1. 可采取预热及焊后退火处理方法。 2. 预热 250 ℃

【大国重器】

由中国机械总院集团哈尔滨焊接研究所有限公司研制的超大厚度钢锭火焰切割设备通过了新产品鉴定。最大切割厚度达 3.5 m,主要技术指标国内领先并达到国际先进水平。该设备是国家重大科技专项科研成果,其研发成功和应用将我国在大型铸锻件切割领域的技术能力提升至 3 500 mm,实现了重大技术突破,填补了国内空白,解决了我国在重型装备、舰船、核电、冶金、重型机床制造等领域大型铸锻件手工切割成本高、效率低、作业环境恶劣等难题,整体上提高了我国重型铸锻件生产企业的技术水平,增强了其市场竞争能力。

【任务实施】

一、工作准备

1. 设备与工具

氧气瓶、乙炔瓶、氧气减压器、乙炔减压器、G01-100 割炬(含割嘴)、辅助工具(护目镜、通针、扳手、点火枪、钢丝刷、钢丝钳等)。

2. 气体

氧气和乙炔。

3. 割件

Q235 钢板,厚度为 50 mm。

二、工作程序

(1)将厚度为 50 mm 的钢板表面用砂轮机打磨或用火焰去除钢板表面的铁锈、鳞片油污等,见图 1-25,用专用设备将割件垫起。

图 1-25　打磨钢板表面

(2)点火,调节火焰为中性焰或轻微氧化焰。先检查割炬的射吸能力和切割氧流的形状(风线形状)。打开切割氧阀,观察风线,应为笔直而清晰的圆柱体,并有一定的挺度。若风线不规则,应当关闭割炬的所有阀门,用通针修整切割氧喷嘴或割嘴,若调整不好,则应更换割嘴。

(3)切割操作。操作姿势:双脚呈"八"字形蹲在割件一旁,右手握住割炬手柄,同时用拇指和食指握住预热氧阀,右臂靠右膝盖,左臂悬空在两脚中间,左手的拇指和食指把住并控制切割氧阀,其余手指平稳地托住混合管,左手同时起把握方向的作用。眼睛注视割件和割嘴,切割时注意观察割线,注意呼吸要均匀、有节奏。

①预热和起割。打开预热氧阀、乙炔阀,点火后调整火焰至较大火焰能率,将割枪对准钢板边缘进行预热,见图 1-26,因为钢板较厚,为防止起割处因预热不足产生割不透现象,预热时将割枪向切割方向略微前倾,并向切割方向缓慢移动,见图 1-27,直至板厚方向全部割透后,再将割枪竖直起来以合适的速度继续切割。

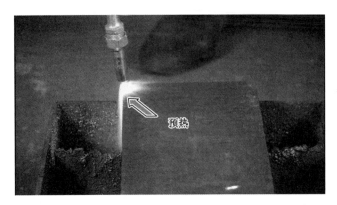

图 1-26 预热

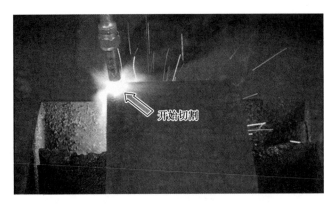

图 1-27 开始切割

②切割过程中注意观察钢板底部的割渣吹出状况,如果割渣向后方吹出,则说明切割速度过快,后拖量较大,需放慢切割速度;如底部无熔渣吹出,且钢板表面割缝处有熔渣冒出,则为切割速度过快,如出现未割穿现象,需关闭切割氧后重新预热切割。

③切割至末端时,放慢割枪移动速度,见图 1-28,同时将割枪后倾一定角度,先将钢板底部割穿后,再移动割枪,直至切割结束。

图 1-28 切割至末端

(4)工作完毕,必须关闭乙炔阀和氧气阀,整理好软管,工件按规定堆放,清扫场地,保持整洁。最后要确认已经关闭气源、熄灭火种等,在消除火灾、爆炸隐患后方可离开。

【手工火焰切割厚板工作单】

计划单

学习情境1	手工火焰切割钢板	任务2	手工火焰切割厚板
工作方式	组内讨论,团结协作,共同制订计划。 小组成员进行工作讨论,确定工作步骤	计划学时	0.5学时
完成人	1.　　　　2.　　　　3.　　　　4.　　　　5.　　　　6.		

计划依据:1.零件图;2.手工火焰切割工艺

序号	计划步骤	具体工作内容描述
1	准备工作(准备工具。谁去做?)	
2	组织分工(成立组织。人员具体都完成什么?)	
3	制定气割工艺方案(如何进行气割?)	
4	气割操作(气割前需要准备什么?气割过程中遇到问题时如何解决?)	
5	整理资料(谁负责?整理什么?)	
制订计划说明	(对各人员完成任务提供可借鉴的建议或对计划中的某些方面做出解释。)	

决策单

学习情境1	手工火焰切割钢板	任务2	手工火焰切割厚板
决策学时		0.5 学时	

决策目的:手工火焰切割厚板工艺方案对比分析,比较切割质量、切割时间、切割成本等

工艺方案对比	组号成员	工艺的可行性(切割质量)	切割的合理性(切割时间)	切割的经济性(切割成本)	综合评价
	1				
	2				
	3				
	4				
	5				
	6				

决策评价	结果:(将自己的工艺方案与组内成员的工艺方案进行对比并分析,对自己的工艺方案进行修正并说明修正原因,确定一个最佳方案。)

检查单

学习情境1	手工火焰切割钢板	任务2	手工火焰切割厚板
评价学时		课内:0.5学时	第　　　组

检查目的及方式	教师对小组的工作过程和工作情况进行检查。如检查后等级为不合格,则小组需要进行整改并做出整改说明

序号	检查项目	检查内容	检查结果分级 (在检查相应的分级框内画"√")				
			优秀	良好	中等	合格	不合格
1	准备工作	资源是否查到;材料是否齐备					
2	分工情况	安排是否合理、全面;分工是否明确					
3	工作态度	小组工作是否积极、主动且全员参与					
4	纪律出勤	是否按时完成所负责的工作内容,遵守工作纪律					
5	团队合作	成员是否互相协作、互相帮助,并听从指挥					
6	创新意识	任务完成过程是否不照搬照抄;看问题是否有独到见解和创新思维					
7	完成效率	工作单记录是否完整;是否按照计划完成任务					
8	完成质量	工作单填写是否准确;工艺是否达标					
检查评语					教师签字:		

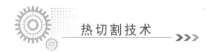

任务评价

1. 小组工作评价单

学习情境1	手工火焰切割钢板		任务2	手工火焰切割厚板			
评价学时			课内：0.5 学时				
班级：				第 组			
考核情境	考核内容及要求	分值/分	小组自评（10%）/分	小组互评（20%）/分	教师评价（70%）/分	实得分（Σ）/分
---	---	---	---	---	---	---
汇报展示（20分）	演讲资源利用	5				
	演讲表达和非语言技巧应用	5				
	团队成员补充配合程度	5				
	时间与完整性	5				
质量评价（40分）	工作完整性	10				
	工作质量	5				
	报告完整性	25				
团队情感（25分）	核心价值观	5				
	创新性	5				
	参与率	5				
	合作性	5				
	劳动态度	5				
安全文明（10分）	工作过程中的安全保障情况	5				
	工具正确使用、保养和放置规范性情况	5				
工作效率（5分）	能够在要求的时间内完成，每超时 5 min 扣 1 分	5				

2. 小组成员素质评价单

学习情境1	手工火焰切割钢板		任务2	手工火焰切割厚板			
班级		第　　组	成员姓名				
评分说明	每个小组成员的评分包括自评分和小组其他成员评分两部分,取平均值作为该小组成员最终得分。评分项目共包括以下5项。评分时,每人依据评分内容进行合理量化评分。小组成员在进行自评分后,要找小组其他成员以不记名的方式进行评分						

评分项目	评分内容	自评分	成员1评分	成员2评分	成员3评分	成员4评分	成员5评分
核心价值观(20分)	有无违背社会主义核心价值观的思想及行动						
工作态度(20分)	是否按时完成所负责的工作且遵守纪律;是否积极主动参与小组工作;是否全过程参与;是否吃苦耐劳;是否具有工匠精神						
交流沟通(20分)	能否良好地表达自己的观点;能否倾听他人的观点						
团队合作(20分)	能否与小组成员合作完成任务,并做到互相协作、互相帮助且听从指挥						
创新意识(20分)	对待问题能否独立思考,提出独到见解;能否创新思维以解决遇到的问题						
小组成员最终得分							

课后反思

学习情境1	手工火焰切割钢板	任务2	手工火焰切割厚板
班级	第 组	成员姓名	

情感反思	通过本任务的学习和实训,你认为自己在社会主义核心价值观、职业素养、学习和工作态度等方面有哪些部分需要加强?
知识反思	通过本任务的学习,你掌握了哪些知识点?
技能反思	在本任务的学习和实训过程中,你主要掌握了哪些技能?
方法反思	在本任务的学习和实训过程中,你主要掌握了哪些分析问题和解决问题的方法?

【课后习题】

一、选择题

1. 对于割炬 G01 - 100, G 表示割炬, 0 表示手工, 1 表示射吸式, 100 表示最大切割(　　)。

A. 厚度　　　　　　B. 长度　　　　　　C. 宽度　　　　　　D. 角度

2. 切割材料越厚, 气割速度(　　)。

A. 越慢　　　　　　B. 越快　　　　　　C. 不变

3. 在使用氧炔焰切割时, 被割金属的燃点应(　　)其熔点。

A. 高于　　　　　　B. 低于　　　　　　C. 不高于　　　　　　D. 不低于

4. 工作时, 使用乙炔的压力不允许超过(　　)MPa。

A. 0. 10　　　　　　B. 0. 15　　　　　　C. 0. 20　　　　　　D. 0. 50

5. 割嘴与工件的距离应为(　　)mm。

A. 1~3　　　　　　B. 3~5　　　　　　C. 5~7　　　　　　D. 7~9

二、填空题

1. 气割的原理是_____、_____、_____3 个过程的连续、重复进行的过程。

2. 气割开始前应清除工作地点附近的_____、_____, 以防起火造成人身伤害。

3. 根据切割厚度来选择割炬割嘴的大小, 割嘴号越_____, 切割厚度越厚。

4. 气割火焰一般分为_____、_____和_____3 种。

5. 气割工艺参数主要包括_____、_____、_____和_____等。

三、简答题

1. 一般影响混合气体喷射速度的原因有哪些?

2. 割炬的分类有哪些?

3. 能够进行气割的金属需要具备哪些条件?

4. 气割切口表面质量的具体要求是什么?

5. 气割后切口断面纹路粗糙, 请说明产生原因及预防方法。

学习情境 2　半自动火焰切割钢板

【学习指南】

【情境导入】

随着石油化工装置的大型化发展速度加快,设备的尺寸逐渐增大,壁厚也随之增加。依据《压力容器　第 4 部分:制造、检验和验收》(GB/T 150.4—2011)的规定,当两侧钢材厚度不等时,若薄板厚度 $\delta > 10$ mm,两板厚度差大于 $30\%\delta$,或超过 5 mm 时,均应按相关要求单面或双面削薄厚板边缘。一种常规的制作工艺是在板材下料切割坡口时就对厚板进行削薄处理,但在卷制时会因钢板两端厚度不等而造成筒节两端的延伸量不一致,导致板材卷制后削薄部位外翻,形成单个筒节的大小头,无法满足规定的圆度要求。另一种制作工艺是利用大型立式车床削薄技术,在筒体卷制后采用立式车床对厚板边缘进行削薄,但是目前国内具备立式车床削薄技术的厂家较少,而且大直径设备也难以实现立式车床削薄加工。

【学习目标】

知识目标

1. 能够阐述半自动切割机的特点及应用。
2. 能够概述半自动切割的操作要点。
3. 能够分析半自动切割的表面质量要求。

能力目标

1. 能够熟练调节半自动切割设备。
2. 能够选择合理的半自动切割工艺参数。
3. 能够检查并分析半自动切割的质量。

素质目标

1. 培养学生树立成本意识、质量意识、创新意识,养成勇于担当、团队合作的职业素养。
2. 培养学生的工匠精神、劳动精神、劳模精神,达到以劳树德、以劳增智、以劳创新的目的。

【工作任务】

任务 1　半自动火焰直线切割低碳钢板　　参考学时:课内 4 学时(课外 4 学时)
任务 2　半自动火焰切割坡口　　　　　　参考学时:课内 4 学时(课外 4 学时)

任务1　半自动火焰直线切割低碳钢板

【任务工单】

学习情境2	半自动火焰切割钢板		任务1	半自动火焰直线切割低碳钢板	
任务学时			课内4学时(课外4学时)		
布置任务					
任务目标	1.能够熟练调节半自动切割设备。 2.能够选择合理的半自动切割工艺参数。 3.能够检查并分析半自动切割的质量				
任务描述	随着石油化工装置的大型化发展速度加快,设备的尺寸逐渐增大,壁厚也随之增加。依据《压力容器　第4部分:制造、检验和验收》(GB/T 150.4—2011)的规定,当两侧钢材厚度不等时,若薄板厚度 $\delta>10$ mm,两板厚度差大于30%δ,或超过5 mm时,均应按相关要求单面或双面削薄厚板边缘。本任务练习半自动火焰直线切割低碳钢板				
学时安排	资讯 1学时	计划 0.5学时	决策 0.5学时	实施 1学时	检查 0.5学时	评价 0.5学时
提供资源	CG1-30型半自动切割机、氧气瓶、乙炔瓶、氧气减压器、乙炔减压器以及气割辅助材料(扳手、通针、护目镜)等,Q235钢板(板厚为12 mm,长×宽为300 mm×250 mm,要切割成长×宽为300 mm×125 mm的2块)				
对学生的学习过程及学习成果的要求	1.能够在实训前进行安全检查。 2.严格遵守实训基地的各项管理规章制度。 3.根据实训要求能够选择切割的工艺参数。 4.每位同学均能自主学习"课前自学"部分内容,并能完成相应的课后习题。 5.严格遵守课堂纪律;学习态度认真、端正;能够正确评价自己和同学在本任务中的素质表现。 6.每位同学必须积极参与小组工作,承担合理选择工艺参数等工作,做到积极、主动、不推诿,能够与小组成员合作完成工作任务。 7.每位同学均需独立或在小组成员的帮助下完成任务工作单等,并提请教师检查、签认;仔细思考他人提出的建议,及时改正错误。 8.每组必须完成任务工单,并提请教师进行小组评价;小组成员分享小组评价分数或等级。 9.每位同学均需完成"课后反思"部分,以小组为单位提交				

【课前自学】

一、半自动切割设备的特点及使用

随着制造业的发展,对于有较高曲线要求及工作量大而集中的气割工作,手工气割已不能适应生产需要。因此,人们在手工气割的基础上逐步改革设备和操作方法,制造了使用轨道的半自动切割机、仿形切割机、高精度门式切割机等机械化气割设备。机械化气割与手工气割相比,具有气割质量好、生产率高、生产成本低和焊工劳动强度低等优点,因而在锅炉压力容器、机械、船舶、钢结构、建筑等行业得到了广泛应用。

半自动切割机是一种最简单的机械化气割设备,一般由一台小车带动割嘴在专用的轨道上自动移动,但需要人工调整其轨道。当轨道是直线时,割嘴可以进行直线气割;当轨道呈一定的曲率时,割嘴可以进行一定曲率的曲线气割;如果轨道是一根带有磁铁的导轨,小车利用爬行齿轮在导轨上爬行,割嘴可以在倾斜面或垂直面上气割。

半自动切割机最大的特点是轻便、灵活、移动方便。目前用得最多的是气割直线。它的设备简单,效率较高,一般情况下一名焊工可操纵一台半自动切割机。

常用的半自动切割机为 CG1-30 型半自动切割机,见图 2-1。这是一种结构简单、操作方便的小车式半自动切割机,它能切割直线或圆弧,其主要技术参数见表 2-1。

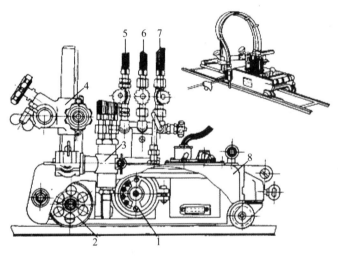

1—主动轮;2—从动轮;3—夹持器;4—割炬升降装置;
5—乙炔软管;6—预热氧软管;7—切割氧软管;8—机身。

图 2-1 CG1-30 型半自动切割机

表 2-1 CG1-30 型半自动切割机的主要技术参数

项目	内容
气割钢板厚度/mm	5~60
割圆直径 Φ/mm	200~2 000

表 2-1(续)

项目	内容
气割速度/(cm/min)	5~75(无级调速)
割嘴数目/个	1~3
电源电压/V	220
电动机功率/W	24
外形尺寸(长×宽×高)/mm	370×230×240
质量/kg	17

CG1-30 型半自动切割机的结构特点如下:机体采用铸铝外壳,机身上装有小车行走机构、气体分配器、控制板和割嘴支架等。行走机构由功率为 24 W 的电动机带动,经减速器后,驱动主动轮带动小车行走,而从动轮在割圆形割件时,可松动固定螺母,使其自动适应转动方向。供割嘴用的氧气和乙炔由气体分配器供给,也可经过改装不经分配器而直接供给。控制板上装有可控硅调速线路,可以对小车行走速度进行均匀而稳定的调节。在割嘴支架上,安装有调节割嘴横向移动、升降移动和倾角的支架,可以随时按工作要求对割嘴进行调节。

CG1-30 型半自动切割机沿着导轨行走,就可以进行直线气割。如换上半径杆,把从动轮的固定螺母松开,使从动轮处于自由状态,小车就能进行圆周运动,割出圆弧曲线。

切割机的割炬配有 3 个大小不同的割嘴,在气割不同厚度钢板时,可按照表 2-2 的工艺参数选用。

表 2-2 CG1-30 型半自动切割机的工艺参数

割嘴代号	割件厚度/mm	氧气压力/MPa	乙炔压力/MPa	气割速度/(cm/min)
1	5~20	0.25	0.020	50~60
2	20~40	0.30	0.025	40~50
3	40~60	0.35	0.035	30~40

二、半自动切割的操作要点

(1)根据气割工件的厚度选择割嘴和气体压力。

(2)检查气割工件和号料线是否符合要求,并清除割缝两侧 30~50 mm 内的铁锈、油污。

(3)气割前应手推小车在导轨上运行,检查导轨(导轨两头要对齐)并调整割嘴位置或导轨,确保割嘴在小车运行过程中对准号料线。切割线与号料线的允许偏差为±1.5 mm。

(4)气割前还应在试验钢板上进行试切割,以调整火焰、氧气压力和小车的行走速度等,并检查风线是否为笔直且清晰的圆柱体。

(5)当氧气瓶的气压低于工作压力时必须停机换瓶。

(6)气割时,先加热钢材边缘至赤红色,再开启切割氧阀,使钢材急剧燃烧并穿透钢材底部后才可让小车移动。

（7）气割焊接坡口时，要根据坡口角度要求偏转割嘴，且割速要比垂直气割时慢，氧气压力应稍大。

（8）对于较薄的板件，割嘴不应垂直于工件，需偏斜一定的角度，且速度要快，预热火焰能率要小。

（9）如气割过程中发生回火，则应先关闭乙炔阀，后关闭切割氧阀。

（10）气割时如发现割嘴堵塞，应及时停机并打通。

（11）气割完毕后，应清除熔渣并对工件进行检查。

三、半自动切割的质量要求

半自动切割时，手工画线宽度一般不大于 0.5 mm，交角处圆角半径大于或等于 1.0 mm。半自动切割的表面质量要求如下：

（1）切割表面的垂直度偏差根据产品的重要性来确定，一般要求见表 2-3。

表 2-3　切割表面的垂直度偏差要求

项目	内容			
板材厚度/mm	3~20	>20~40	>40~63	>63~100
垂直度偏差/mm	0.2~1.0	0.3~1.4	0.4~1.8	0.5~2.2

（2）切割表面的粗糙度要求见表 2-4。

表 2-4　切割表面的粗糙度要求

项目	内容			
板材厚度/mm	3~20	>20~40	>40~63	>63~100
表面粗糙度/mm	0.050~0.130	0.060~0.155	0.070~0.185	0.085~0.225

（3）切割表面的直线度要求见表 1-8。

（4）切割表面上缘熔化程度，一般要求最好看不出熔融金属，或者熔融金属宽度≤1.2mm。

（5）挂渣要求附着的粗粒熔滴可自动剥离，不留痕迹；或者即使有挂渣，也要容易清除，不留痕迹。若要求不高，可以有少量的条状挂渣，用铲刀可清除，留有少量痕迹。

【任务实施】

一、工作准备

1.设备与工具

CG1-30 型半自动切割机、氧气瓶、乙炔瓶、氧气减压器、乙炔减压器以及气割辅助材料（扳手、通针、护目镜）等，见图 2-2。

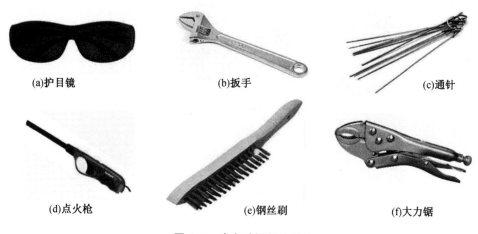

(a)护目镜	(b)扳手	(c)通针
(d)点火枪	(e)钢丝刷	(f)大力锯

图 2-2　半自动切割的工具

2. 气体

氧气、乙炔。

3. 割件

Q235 钢板(板厚为 12 mm,长×宽为 300 mm×250 mm,要切割成长×宽为 300 mm× 125 mm 的 2 块)。

二、工作程序

(1)将半自动切割小车及轨道安置好,检查导轨是否平直,将需要切割的钢板沿轨道方向放置(长度方向与轨道平行)。

(2)清除割缝两侧 30~50 mm 内的铁锈、油污等。钢板底部用耐火砖垫起或使用专门的切割工装设备,见图 2-3。

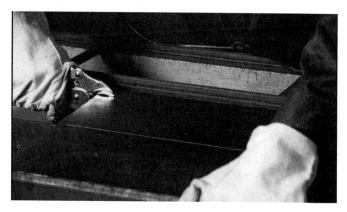

图 2-3　钢板底部用专门的切割工装设备

(3)将割嘴倾角调整为 90°,垂直于割件表面,再根据钢板位置横向和垂直方向调节割嘴位置,使割嘴与钢板表面的距离为 3~5 mm,见图 2-4。

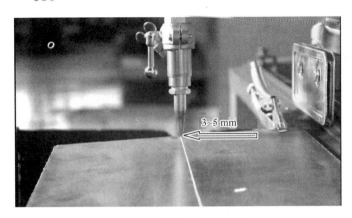

图 2-4　割嘴垂直于割件表面

(4)检查连接,接通电源。检查氧气和乙炔的软管连接是否可靠,调节气体阀门,氧气和乙炔的工作压力分别在 0.3 MPa 和 0.03 MPa 左右。

(5)在割嘴处点火(正式切割前先调试切割风线,若风线不佳,则应用通针修整;若修整不好,则应更换割嘴),调整火焰即可进行气割。注意:乙炔阀打开后应马上点火,防止乙炔进入机身。

调节火焰大小,然后预热。当预热到一定温度时(表面呈橘红色),打开切割氧阀(图 2-5),喷出切割氧,同时打开单刀开关,让小车滚轮沿着轨道运行,进行切割,见图 2-6。

图 2-5　打开切割氧阀

图 2-6　开始切割

(6)切割完毕(图2-7)后,关闭切割氧阀,同时关闭预热火焰阀,接着关闭行走单刀开关,将小车停下。

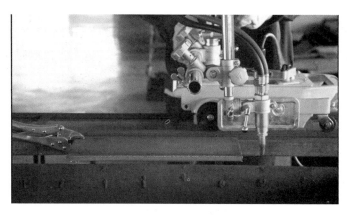

图2-7　切割完毕

(7)检查钢板的切割情况,去除钢板背面的氧化铁挂渣。切口表面应整齐、光滑,无沟槽、无边缘熔化和未割穿现象,见图2-8。

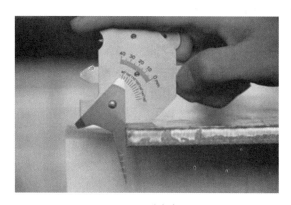

(a)垂直度

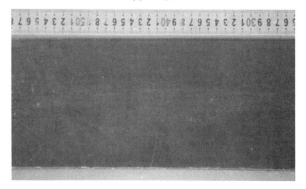

(b)平直度

图2-8　切割后检查

（8）工作完毕后必须关闭所有阀门，关闭气源和电源，按规定堆放工件，清扫场地，保持整洁，见图2-9。最后确认没有触电、火灾等隐患后方可离开。

图 2-9　清扫场地

特别提醒：

- 安置小车导轨应当略高于钢板所在平面。
- 切割过程中在保证割穿的情况下，应尽量加快小车行走速度。
- 若遇到割不穿问题时，可适当加大切割氧工作压力。
- 半自动切割质量的控制，关键是依靠选择合理的气割工艺参数。

【半自动火焰直线切割低碳钢板工作单】

计划单

学习情境2	半自动火焰切割钢板		任务1	半自动火焰直线切割低碳钢板
工作方式	组内讨论,团结协作,共同制订计划。小组成员进行工作讨论,确定工作步骤	计划学时		0.5学时
完成人	1.　　　　2.　　　　3.	4.　　　　5.　　　　6.		

计划依据:1.图纸;2.半自动火焰切割工艺

序号	计划步骤	具体工作内容描述
1	准备工作(准备工具。谁去做?)	
2	组织分工(成立组织。人员具体都完成什么?)	
3	制定半自动切割方案(如何切割?)	
4	切割操作(切割前需要准备什么?切割操作中遇到问题时如何解决?)	
5	整理资料(谁负责?整理什么?)	
制订计划说明	(对各人员完成任务提供可借鉴的建议或对计划中的某些方面做出解释。)	

决策单

学习情境 2	半自动火焰切割钢板	任务 1	半自动火焰直线切割低碳钢板
决策学时			0.5 学时

决策目的:半自动火焰直线切割低碳钢板工艺方案对比分析,比较切割质量、切割时间、切割成本等

	组号成员	工艺的可行性（切割质量）	切割的合理性（切割时间）	切割的经济性（切割成本）	综合评价
工艺方案对比	1				
	2				
	3				
	4				
	5				
	6				
决策评价	结果:(将自己的工艺方案与组内成员的工艺方案进行对比并分析,对自己的工艺方案进行修正并说明修正原因,确定一个最佳方案。)

检查单

学习情境2	半自动火焰切割钢板	任务1	半自动火焰直线切割低碳钢板
评价学时		课内:0.5学时	第　　　组

检查目的及方式	教师对小组的工作过程和工作情况进行检查。如检查后等级为不合格,则小组需要进行整改并做出整改说明

序号	检查项目	检查内容	检查结果分级 (在检查相应的分级框内画"√")				
			优秀	良好	中等	合格	不合格
1	准备工作	资源是否查到;材料是否齐备					
2	分工情况	安排是否合理、全面;分工是否明确					
3	工作态度	小组工作是否积极、主动且全员参与					
4	纪律出勤	是否按时完成所负责的工作内容,遵守工作纪律					
5	团队合作	成员是否互相协作、互相帮助,并听从指挥					
6	创新意识	任务完成过程是否不照搬照抄;看问题是否有独到见解和创新思维					
7	完成效率	工作单记录是否完整;是否按照计划完成任务					
8	完成质量	工作单填写是否准确;工艺是否达标					
检查评语						教师签字:	

任务评价

1. 小组工作评价单

学习情境 2	半自动火焰切割钢板			任务 1	半自动火焰直线切割低碳钢板
评价学时				课内：0.5 学时	
班级：				第　　　组	

考核情境	考核内容及要求	分值/分	小组自评（10%）/分	小组互评（20%）/分	教师评价（70%）/分	实得分（Σ）/分
汇报展示（20分）	演讲资源利用	5				
	演讲表达和非语言技巧应用	5				
	团队成员补充配合程度	5				
	时间与完整性	5				
质量评价（40分）	工作完整性	10				
	工作质量	5				
	报告完整性	25				
团队情感（25分）	核心价值观	5				
	创新性	5				
	参与率	5				
	合作性	5				
	劳动态度	5				
安全文明（10分）	工作过程中的安全保障情况	5				
	工具正确使用、保养和放置规范性情况	5				
工作效率（5分）	能够在要求的时间内完成，每超时 5 min 扣 1 分	5				

2.小组成员素质评价单

学习情境2	半自动火焰切割钢板		任务1	半自动火焰直线切割低碳钢板		
班级		第 组	成员姓名			
评分说明	每个小组成员的评分包括自评分和小组其他成员评分两部分,取平均值作为该小组成员最终得分。评分项目共包括以下5项。评分时,每人依据评分内容进行合理量化评分。小组成员在进行自评分后,要找小组其他成员以不记名的方式进行评分					

评分项目	评分内容	自评分	成员1评分	成员2评分	成员3评分	成员4评分	成员5评分
核心价值观(20分)	有无违背社会主义核心价值观的思想及行动						
工作态度(20分)	是否按时完成所负责的工作且遵守纪律;是否积极主动参与小组工作;是否全过程参与;是否吃苦耐劳;是否具有工匠精神						
交流沟通(20分)	能否良好地表达自己的观点;能否倾听他人的观点						
团队合作(20分)	能否与小组成员合作完成任务,并做到互相协作、互相帮助且听从指挥						
创新意识(20分)	对待问题能否独立思考,提出独到见解;能否创新思维以解决遇到的问题						
小组成员最终得分							

课后反思

学习情境 2	半自动火焰切割钢板	任务 1	半自动火焰直线切割低碳钢板
班级	第　　　组	成员姓名	
情感反思	通过本任务的学习和实训,你认为自己在社会主义核心价值观、职业素养、学习和工作态度等方面有哪些部分需要加强?		
知识反思	通过本任务的学习,你掌握了哪些知识点?		
技能反思	在本任务的学习和实训过程中,你主要掌握了哪些技能?		
方法反思	在本任务的学习和实训过程中,你主要掌握了哪些分析问题和解决问题的方法?		

任务2　半自动火焰切割坡口

【任务工单】

学习情境2	半自动火焰切割钢板	任务2	半自动火焰切割坡口
任务学时		课内4学时(课外4学时)	
布置任务			
任务目标	1. 能够熟练调节半自动切割设备。 2. 能够选择合理的半自动切割工艺参数。 3. 能够检查并分析半自动切割的质量		
任务描述	随着石油化工装置的大型化发展速度加快,设备的尺寸逐渐增大,壁厚也随之增加。《压力容器　第4部分:制造、检验和验收》(GB/T 150.4—2011)标准中6.5.3条规定:当两侧钢材厚度不等时,若薄板厚度$\delta>10$ mm,两板厚度差大于30%δ,或超过5 mm时,均应按要求单面或双面削薄厚板边缘。本任务练习半自动火焰直线切割开坡口,坡口面角度30°		

学时安排	资讯 1学时	计划 0.5学时	决策 0.5学时	实施 1学时	检查 0.5学时	评价 0.5学时

提供资源	CG1-30型半自动切割机、氧气瓶、乙炔瓶、氧气减压器、乙炔减压器以及气割辅助材料(扳手、通针、护目镜)等,Q235钢板(板厚为12 mm,长×宽为300 mm×250 mm,要切割成长×宽为300 mm×125 mm的2块)
对学生的学习过程及学习成果的要求	1. 能够在实训前进行安全检查。 2. 严格遵守实训基地的各项管理规章制度。 3. 根据实训要求能够选择切割的工艺参数。 4. 每位同学均能自主学习"课前自学"部分内容,并能完成相应的课后习题。 5. 严格遵守课堂纪律;学习态度认真、端正;能够正确评价自己和同学在本任务中的素质表现。 6. 每位同学必须积极参与小组工作,承担合理选择工艺参数等工作,做到积极、主动、不推诿,能够与小组成员合作完成工作任务。 7. 每位同学均需独立或在小组成员的帮助下完成任务工作单等,并提请教师检查、签认;仔细思考他人提出的建议,及时改正错误。 8. 每组必须完成任务工单,并提请教师进行小组评价;小组成员分享小组评价分数或等级。 9. 每位同学均需完成"课后反思"部分,以小组为单位提交

【课前自学】

一、气割工艺参数

很多需要焊接的碳钢会采用半自动火焰切割开坡口。对于厚度相同的碳钢,与垂直切割相比,在开坡口时,因为火焰不是垂直加热的,所以碳钢表面温度低,同时切割氧带走的热量也较多,会降低表面温度,所以在选用气割工艺参数时需要选用更大的预热火焰能率,切割氧压力也略大。具体的切割工艺参数见表2-5。

表2-5 CG1-30型半自动切割机的工艺参数

割嘴代号	割件厚度/mm	氧气压力/MPa	乙炔压力/MPa	气割速度/(cm/min)
1	5~20	0.25	0.020	50~60
2	20~40	0.30	0.025	40~50
3	40~60	0.35	0.035	30~40

二、半自动火焰切割坡口的质量要求

开坡口时,对切割表面垂直度(平面度)的偏差、粗糙度、直线度和表面上缘熔化程度的要求与直线切割一样,此外,还需要特别检查的有:

(1)切割面角度 α 的偏差(a),见图2-10。检查数值等级可以参照表2-6的规定。

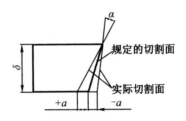

图2-10 切割面角度偏差

表2-6 半自动火焰切割面角度的偏差

角度范围	等级	板厚/mm			
		≤25	>25~50	>50~100	>100~200
$\alpha \leqslant 30°$	Ⅰ	1.5	1.5	2.0	2.5
	Ⅱ	2.0	2.5	3.0	4.0
$30° < \alpha < 45°$	Ⅰ	2.2	2.2	3.0	3.8
	Ⅱ	3.0	3.8	4.5	6.0

（2）坡口（倒角）β 的偏差（b 和 c），见图 2-11。检查数值等级可以参照表 2-7 的规定。

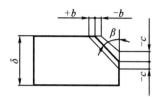

图 2-11　坡口（倒角）的偏差

表 2-7　坡口（倒角）偏差

符号	角度范围	板厚			
		≤25	>25~50	>50~100	>100~200
±b	$\beta<15°$	2.5	2.5	2.5	2.5
±c		4.0	4.0	4.0	4.0
±b	$15°≤\beta<30°$	2.5	2.5	2.5	2.5
±c		3.5	3.5	3.0	3.0
±b	$30°≤\beta≤45°$	3.0	2.5	2.5	2.5

三、其他半自动切割机简介

半自动切割机是按人为规定的轨迹进行切割的设备。这种设备由电动机和调速机构控制切割速度。前面已经介绍了 CG1-30 型半自动切割机，下面简单介绍其他半自动切割机。

1. CG1-30A 型小车式精密切割机

CG1-30A 型小车式精密切割机采用双割炬同时切割。其小车采用集成电路无级调速，行走稳定；能进行直线和坡口的切割；使用半径架、定位针等附件，利用滚轮绕圆心旋转可以切割圆形弓箭。其主要技术参数见表 2-8 。

表 2-8　CG1-30A 型小车式精密切割机的主要技术参数

型号	机身外形尺寸/mm	输入电压/（V/Hz）	切割钢板厚度/mm	切割速度/（mm/min）	切割圆直径/mm	机器总质量/kg
CG1-30A	470×230×250	AC220/50	5~100	50~100	200~2 000	38

图 2-12 为 CG1-30A 精密火焰切割机。为了提高行走的稳定性，其两轨道间采用网板连接；其他结构与 CG1-30 型半自动切割机相同。该切割机的机身采用高强度铝合金压铸而成，整机横移架、升降架等结构精确，割炬、气体分配器、压力开关工作可靠。

图 2-12　CG1-30A 精密火焰切割机

2. HW(1K)-12 甲虫式切割机

HW(1K)-12 甲虫式切割机(图 2-13)也属于小车式切割机,但其小车的体积较小,并且其整体结构设计紧凑、轻便,便于携带,整机质量只有 10 kg。由于该切割机的小车采用机械调速,因此其可在高温条件下连续工作。该切割机不仅能进行直线和坡口的切割,而且配备了圆盘轨道,可进行不同直径的圆形工件的切割。在配备专用曲线轨道的情况下,该切割机还可切割形状更复杂的曲线。其主要技术参数见表 2-9。

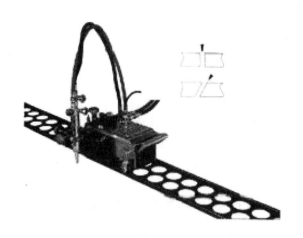

图 2-13　HW(1K)-12 甲虫式切割机

表 2-9　HW(1K)-12 甲虫式切割机的主要技术参数

型号	机身外形尺寸 /mm	切割钢板厚度 /mm	切割速度 /(mm/min)	电机转速 /(r/min)
HW(1K)-12	350×140×175	5~50	150~800	1 500

图 2-14 为该切割机在圆形轨道上行走,展示了其在切割圆形时的工作情况。为了提高行走的稳定性,其两轨道间采用网板连接。该切割机身采用高强度铝合金压铸而成。

图 2-14　HW(1K)-12 甲虫式切割机在圆形轨道上行走

3. 多头直条切割机

在生产中,有时在钢板上有多条平行的割线,对于这类工作,上述各种切割机的生产效率不佳。如果机器上能有多个割炬,可同时把多条割口一次性切割完毕,既能提高生产效率,又能减轻劳动强度,则是最理想的。因此,此时可以使用多头直条切割机来完成切割工作。

CGD 系列小车式多头直条切割机可以根据实际需要采用多割炬同时切割。其小车采用晶闸管无级调速,行走稳定;主要用于多条直线切割,也能进行坡口的切割;一般不用于切割曲线(圆)形工件。其主要技术参数见表 2-10。

表 2-10　CGD 系列多头直条切割机的主要技术参数

型号	有效割炬/个	切割宽度/mm	机器总质量/kg
CGD3-100	3	1 000	35
CGD4-100	4	1 100	40
CGD5-100	5	1 300	50

图 2-15、图 2-16 和图 2-17 分别为 CGD3-100、CGD4-100 和 CGD5-100 多头直条切割机。该类切割机的小车结构与 CG1-30 型半自动切割机基本相同。其可根据割嘴的数量而配备相应的气体分配器。

4. 双轨多头直条切割机

前面讲的多头直条切割机的割炬一般不能超过 5 个,再多会影响切割机工作的稳定性。CG1 系列双轨多头直条切割机采用了双轨,大大增加了切割机工作的稳定性,并可以增加更多的割嘴,使其一次切割的条数更多,精确度更高。其割口的表面粗糙度可达 12.5 μm。CG1-2500 双轨多头直条切割机见图 2-18。

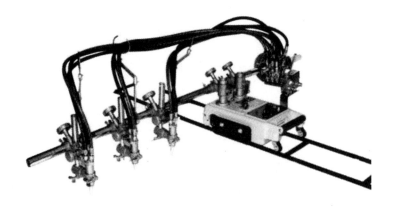

图 2-15　CGD3-100 多头直条切割机

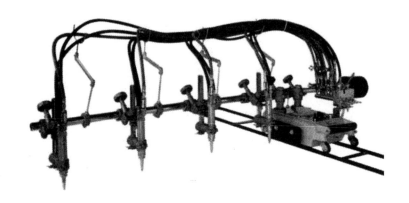

图 2-16　CGD4-100 多头直条切割机

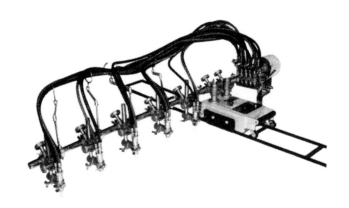

图 2-17　CGD5-100 多头直条切割机

图 2-18 CG1-2500 双轨多头直条切割机

CG1 系列双轨多头直条切割机采用双轨支撑,双轨同时驱动,集成电路无级调速,行走稳定;能同时进行 10 条直线的切割。其主要技术参数见表 2-11。

表 2-11 CG1 系列双轨多头直条切割机的主要技术参数

型号	轨距/mm	轨长/mm	有效割炬/个	切割钢板厚度/mm	切割速度/(mm/min)	机身外形尺寸/mm	机器总质量/kg
CG1-2500	2 500	10 000	10	5~50	50~1 000	2 800×800×900	150
CG1-2500A	2 500	10 000	10	5~50	50~1000	2 800×800×900	170
CG1-4000	4 000	10 000	10	5~50	50~1 000	4 300×800×900	200
CG1-4000A	4 000	10 000	10	5~50	50~1 000	4 300×800×900	230
CG1-6000	6 000	10 000	10	5~50	50~1 000	6 300×800×900	250
CG1-6000A	6 000	10 000	10	5~50	50~1 000	6 300×800×900	290

为了提高整机工作的稳定性,其两条轨道应精确安装,轨道与轮子的横向串动不得超过 2 mm,并且在整个行程中,轨道和轮子之间的间隙大小基本不变。该类切割机整机有 10 个割炬,可以同时工作;型号后带 A 的,装有一个纵向割炬。

5.仿形切割机

仿形切割机是一种高效率的半自动切割机,可以方便而精确地切割出各种形状的零件。其原理是以电磁滚轮沿钢质样模滚动,割嘴与滚轮同心沿轨迹运动,从而切割出与样模相同的各种零件。该类切割机适用于低、中碳钢板的切割,可用于大批生产同一种零件。常用仿形切割机的型号及主要技术参数见表 2-12。

CG2-150 仿形切割机的构造见图 2-19,主要由底座、主轴、基臂、电气箱、主臂、割炬架调节手轮、割炬组件、割炬夹持手柄、调速旋钮等部分组成。

表 2-12　常用仿形切割机的型号及主要技术参数

型号		结构形式	切割厚度/mm	切割速度/（mm/min）	切割直线长度/mm	切割最大尺寸/mm	割圆直径mm	电源电压/V	电动机功率/W	质量/kg
CG2-150		摇臂	5~50	50~750	1 200	400×900 500×500 450×750	600	220	24	35
CG2-100	A 型	携带式	5~45	—		用于切割直线及切坡口		220	20	—
	B 型					500×任意长度				
	C 型					最大尺寸 1 000 mm				

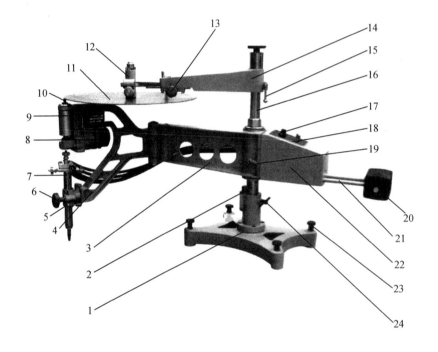

1—底盘；2—主轴；3—基臂；4—主臂；5—割炬夹持手柄；6—割炬调节手轮；7—割炬组件；
8—伺服电机；9—磁滚轮；10—磁性头；11—样板；12—样板架；13—水平调节手柄；14—型臂；
15—型臂夹持手柄；16—连接管；17—调速按钮；18—顺逆开关；19—机体紧定螺钉；20—平衡锤；
21—平衡锤支杆；22—电气箱；23—底座调节螺钉；24—主轴锁紧螺钉。

图 2-19　CG2-150 型仿形切割机的构造

6. 手扶式半自动切割机

　　手扶式半自动切割机具有价格低、质量小、操作灵活、移动方便的特点。图 2-20 所示为手扶式半自动切割机中的一种。此类切割机主要用于切割厚度在 50 mm 以下的各种工件及焊接坡口（坡口角度不大于 45°），具有手工气割的灵活性。

　　工作时，切割机由电动机驱动，切割导向由操作者控制。配上小型导轨也能切割直线，表 2-13 列出了部分国产手扶式半自动切割机的主要技术参数。

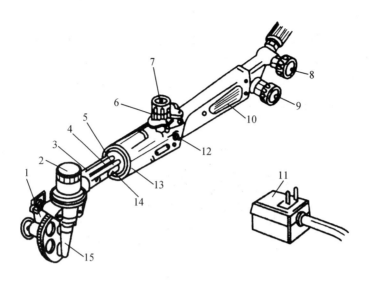

1—垂直切割驱动装置；2—锁紧旋钮；3—燃气软管；4—切割氧软管；5—预热氧软管；6—驱动开关；
7—切割氧阀；8—预热氧阀；9—燃气阀；10—保险管；11—交流/直流转换器；12—进退转换按钮；
13—电动机；14—万向联轴节；15—割嘴。

图 2-20　手扶式半自动切割机

表 2-13　手扶式半自动切割机主要技术参数

型号	电源电压/V	氧气压力/kPa	乙炔压力/kPa	切割厚度/mm	割圆直径/mm	切割速度/(mm/min)	外形尺寸/mm	切割机质量/kg	备注
QGS-13A-I	220(AC)或12(DC)	200~300	49~59	4~60	30~500	—	—	2	—
GCD2-150	220(AC)	—	—	5~150	50~1 200	5~1 000	430×120×210	9	配有长1 m的导轨
CG-7	220(AC)或12(DC, 0.6 A)	300~500	≥30	5~50	65~1 200	78~850	480×105×145	4.3	配有长0.6 m的导轨
QG-30	220(AC)	—	—	5~50	100~1 000	0~760	410×250×160	6.5	—

注：AC 表示交流电；DC 表示直流电。

7. 管子切割机

管子切割机是专门切割管子的半自动切割机,用于切割外径大于 100 mm 的钢管,其结构主要包括切割小车和卡环导轨两大部分。其小车的底部有 4 个永久磁轮,能牢固地吸附在钢管上,由驱动电动机带动绕管子爬行;卡环导轨用于小车导向。

常用的管子切割机有 CG2-11(图 2-21)和 SAG-A 型,二者的主要技术参数见表 2-14。

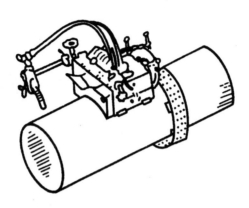

图 2-21 CG2-11 型管子切割机

表 2-14 几种常用管子切割机的主要技术参数

项目		主要技术参数	
型号		CG2-11	SAG-A
适用钢管直径/mm		≥108	≥108
管子壁厚/mm		5~50	5~70
切割速度/(mm/min)		0~750	100~600
切割精度/(mm/周)		<0.5	<0.5
电源		220 V,50 Hz,AC	
驱动电机	型号	70SZ08A	—
	功率/W	80	60
磁轮吸附力/N		>490	>490
总质量/kg		14.5	11
外形尺寸/mm		350×240×220	250×180×140

四、半自动切割机使用中应注意的问题

(1)使用各种半自动切割机时,其速度的确定都要经过试验。由于速度调整旋钮的刻度,不能准确地表示切割速度,因此每一台机器在使用之前,都应进行切割试验,以确定最佳工艺参数。

(2)小车式切割机的轨道必须保持清洁,如果有切割熔渣必须及时清除,以防止影响切割的顺利进行。

（3）仿形切割机的磁性滚轮必须保持清洁，不能有铁末，更不能有大块铁屑，因此，每次切割前应注意清理磁性滚轮。

（4）圆切割机使用时，应注意调整好三条腿的高度。三条腿的高度是否合适，主要看在圆周内各点割嘴与工件的间隙是否一致。如有的地方间隙大，有的地方间隙小，则需要调整。必须保证割嘴与工件的间隙不变。

（5）由于切割机都使用220 V电源，如果漏电，焊工的触电危险性很大，故必须做好保护接地。尤其是使用手扶式机，更要做好保护接地。

（6）管子切割机不可用于过小直径钢管的切割。在切割椭圆形管子时，椭圆的最小曲率半径不得小于小车允许的最小工作半径。

五、半自动切割机常见切割质量问题及原因分析

半自动切割机的切割质量比手工切割稳定得多，但如果操作不当也会出现一些质量问题。表2-15列出了半自动切割机常见的质量问题及产生原因。

表 2-15　半自动切割机常见的质量问题及产生原因

型号	质量问题	产生原因
CG1-30 型线切割机	割口偏离切割线	导轨安装位置不正确。 切割操作时将轨道碰偏
	割口上部熔塌	切割速度（小车行走速度）过慢。 预热火焰能率过高
	割口太宽	割嘴选择不当（太大）。 割嘴风线不好。 割嘴安装不牢，工作时有摆动
	局部割不透	导轨不清洁使割嘴上下抖动。 导轨或滚轮有机械损伤。 切割速度太快或不稳
	割口不直	割嘴安装不牢，工作时有振动
	割不透或后拖严重	切割速度太快。 割嘴选择过小
CG2-150 型仿形切割机	割件形状与图纸不一样	样板制作错误。 磁性滚轮直径补偿计算不对
	外圆上角熔塌	内靠模的圆角半径较小导致割嘴速度比滚轮慢得多
	内圆角割不透	内靠模的圆角半径较小导致割嘴速度比滚轮快
	工件边缘不整齐	磁性滚轮表面吸附有铁屑

表 2-15(续)

型号	质量问题	产生原因
手扶式半自动切割机	切割面不整齐	操作技术不好,手扶不稳所致
	有的地方未割透	工件表面不干净,使割嘴时高时低
	切口上缘熔塌	火焰功率太高,或是切割速度太慢
管子切割机	切割机在管子上吸不住	管子壁太薄,导致吸力太小。 磁性滚轮磁力下降。 管子直径太小,使小车车体碰到管子,磁界接触不牢
	有的地方割不透	磁性滚轮上吸有大块铁屑。 气割速度快。 氧气供气压力不稳
	管子外缘熔塌	切割速度太慢。 预热火焰功率过大
	割口太宽	割嘴风线不好。 割嘴选择过大
	切割面不整齐	割嘴安装不牢固。 磁性滚轮上吸有铁屑使机体振动

【大国重器】

大国重器"双剑合璧",刷新亚洲最重塔器吊装纪录!

2021 年 4 月 17 日 11 时 28 分,广东石化炼化一体化项目 4 606 t 抽余液塔成功就位。它不仅是亚洲最重塔器设备,也是同类塔器中最高设备。由中国石油工程建设有限公司(CPECC)第一建设公司(简称"第一建设公司")主导研发的世界最大 MYQ 型 5 000 t 门式起重机,与"世界第一吊"徐工 XGC88000(4 000 t)履带起重机首次"双剑合璧",历时 3 小时 30 分钟,成功将 4606t 抽余液塔吊装就位,一举刷新亚洲最重塔器吊装纪录,展现出中国装备制造、中国吊装的技术实力。

此次吊装的抽余液塔,采用了整体制造、整体运输、整体吊装的一体化建设思路。在这之前,国内尚无 4 000 t 级压力容器工厂整体制造的先例,更没有成熟的施工方案可供借鉴。在制造过程中,第一建设公司组建了 300 多人的"超级焊将"团队。他们当中有公司劳动模范、河南省技术能手、全国技术能手等。他们

克服了重重困难,耗费8个多月,通过运用多机位火焰切割、超大型塔器环缝埋弧焊、超大直径筒节整体弯曲成型等8项关键技术,成功完成了制造任务,不仅有力地保证了产品质量,缩短了制造工期,也降低了运输及安装风险。

【任务实施】

一、工作准备

1. 设备与工具

CG1-30型半自动切割机、氧气瓶、乙炔瓶、氧气减压器、乙炔减压器以及气割辅助材料(扳手、通针、护目镜)等。

2. 气体

氧气、乙炔。

3. 割件

Q235钢板(板厚为12 mm,长×宽为300 mm×250 mm,要切割成长×宽为300 mm×125 mm,坡口面角度30°,与板平面成60°的2块),见图2-22。

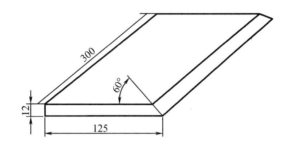

图2-22　气割试板坡口(单位:mm)

二、工作程序

(1)将半自动切割小车及轨道安置好,检查导轨是否平直,将需要切割的钢板沿轨道方向放置(长度方向与轨道平行)。

(2)清除割缝两侧30~50 mm内的铁锈、油污等。钢板底部用耐火砖垫起或使用专门的切割工装设备。

(3)因为要切割30°的坡口,所以将割嘴倾角调整为与工件表面成60°,见图2-23和图2-24。再根据钢板位置调节割嘴位置,与钢板表面的距离为3~5 mm,见图2-25。

(4)检查连接,接通电源;检查连接氧气和乙炔的软管是否连接可靠,调节气体阀门,氧气和乙炔的工作压力比垂直时略大,分别为0.30~0.35 MPa和0.030~0.035 MPa;预热火焰能率比垂直时略大。

(5)在割嘴处点火(正式切割前先调试切割风线,若风线不佳,应当用通针修整;若修整不好,则应更换割嘴),调整火焰即可进行气割。注意:乙炔阀打开后,应马上点火,防止乙炔进入机身)。

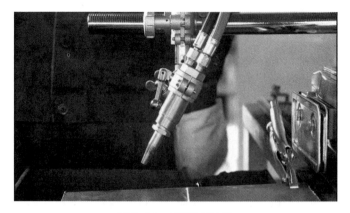

图 2-23 割嘴倾角(1)

调整角度30°

图 2-24 割嘴倾角(2)

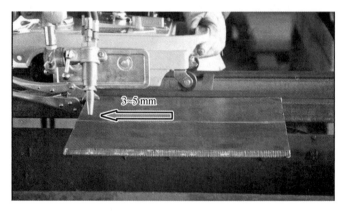

3~5 mm

图 2-25 割嘴位置

　　调节火焰大小,然后预热,见图 2-26。当预热到一定温度时(表面呈橘红色),打开切割氧阀(图 2-27),喷出切割氧,同时打开单刀开关,让小车滚轮沿着轨道运行,进行切割。

图 2-26　预热

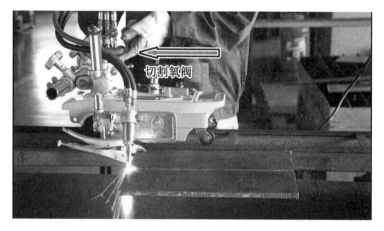

图 2-27　打开切割氧阀

（6）切割完毕（图2-28）后,关闭切割氧阀,同时关闭预热火焰阀门,接着关闭行走单刀开关,将小车停下,见图2-28。

图 2-28　切割完毕

（7）检查钢板的切割情况，去除钢板背面的氧化铁挂渣。切口表面应整齐、光滑，无沟槽、无边缘熔化和未割穿现象，见图2-29。

(a)30°坡口

(b)平直度

图 2-29　切割后检查

（8）工作完毕后必须关闭所有阀门，关闭气源和电源，按规定堆放工件，清扫场地，保持整洁，见图2-30。最后确认没有可能引起触电、火灾等隐患后方可离开。

图 2-30　清扫场地

特别提醒：

- 安置小车导轨应当略高于钢板所在平面。
- 切割过程中在保证割穿的情况下，应尽量加快小车行走速度。
- 若遇到割不穿问题时，可适当加大切割氧工作压力。
- 半自动切割质量的控制，关键是选择合理的气割工艺参数。

按照上述步骤分别对剩余4个面进行加工。

【半自动火焰切割坡口工作单】

计划单

学习情境2	半自动火焰切割钢板	任务2	半自动火焰切割坡口
工作方式	组内讨论,团结协作,共同制订计划。小组成员进行工作讨论,确定工作步骤	计划学时	0.5学时
完成人	1.　　　2.　　　3.　　　4.　　　5.　　　6.		

计划依据:1.图纸;2.半自动火焰切割工艺

序号	计划步骤	具体工作内容描述
1	准备工作(准备工具。谁去做?)	
2	组织分工(成立组织。各人员都需要具体完成什么工作?)	
3	制定切割开坡口工艺方案(如何切割?)	
4	切割操作(切割前需要准备什么?切割操作中遇到问题时如何解决?)	
5	整理资料(需要整理哪些资料?由谁负责?)	
制订计划说明	(对各人员完成任务提供可借鉴的建议或对计划中的某些方面做出解释。)	

决策单

学习情境2	半自动火焰切割钢板	任务2	半自动火焰切割坡口
决策学时			0.5学时

决策目的:半自动火焰切割坡口工艺方案对比分析,比较切割质量、切割时间、切割成本等

工艺方案对比	组号成员	工艺的可行性 (切割质量)	切割的合理性 (切割时间)	切割的经济性 (切割成本)	综合评价
	1				
	2				
	3				
	4				
	5				
	6				
决策评价	结果:(将自己的工艺方案与组内成员的工艺方案进行对比并分析,对自己的工艺方案进行修正并说明修正原因,确定一个最佳方案。)

检查单

学习情境2	半自动火焰切割钢板	任务2	半自动火焰切割坡口
评价学时	课内:0.5学时	第	组

检查目的及方式	教师对小组的工作过程和工作情况进行检查。如检查后等级为不合格,则小组需要进行整改并做出整改说明

序号	检查项目	检查内容	检查结果分级（在检查相应的分级框内画"√"）				
			优秀	良好	中等	合格	不合格
1	准备工作	资源是否查到;材料是否齐备					
2	分工情况	安排是否合理、全面;分工是否明确					
3	工作态度	小组工作是否积极、主动且全员参与					
4	纪律出勤	是否按时完成所负责的工作内容,遵守工作纪律					
5	团队合作	成员是否互相协作、互相帮助,并听从指挥					
6	创新意识	任务完成过程是否不照搬照抄;看问题是否有独到见解和创新思维					
7	完成效率	工作单记录是否完整;是否按照计划完成任务					
8	完成质量	工作单填写是否准确;工艺是否达标					
检查评语						教师签字:	

任务评价

1. 小组工作评价单

学习情境 2	半自动火焰切割钢板		任务 2		半自动火焰切割坡口	
评价学时			课内：0.5 学时			
班级：				第　　组		
考核情境	考核内容及要求	分值/分	小组自评（10%）/分	小组互评（20%）/分	教师评价（70%）/分	实得分（∑）/分
汇报展示（20分）	演讲资源利用	5				
	演讲表达和非语言技巧应用	5				
	团队成员补充配合程度	5				
	时间与完整性	5				
质量评价（40分）	工作完整性	10				
	工作质量	5				
	报告完整性	25				
团队情感（25分）	核心价值观	5				
	创新性	5				
	参与率	5				
	合作性	5				
	劳动态度	5				
安全文明（10分）	工作过程中的安全保障情况	5				
	工具正确使用、保养和放置规范性情况	5				
工作效率（5分）	能够在要求的时间内完成，每超时 5 min 扣 1 分	5				

2.小组成员素质评价单

学习情境 2	半自动火焰切割钢板	任务 2	半自动火焰切割坡口
班级	第　　组	成员姓名	

评分说明	每个小组成员的评分包括自评分和小组其他成员评分两部分,取平均值作为该小组成员最终得分。评分项目共包括以下 5 项。评分时,每人依据评分内容进行合理量化评分。小组成员在进行自评分后,要找小组其他成员以不记名的方式进行评分

评分项目	评分内容	自评分	成员 1 评分	成员 2 评分	成员 3 评分	成员 4 评分	成员 5 评分
核心价值观 (20分)	有无违背社会主义核心价值观的思想及行动						
工作态度 (20分)	是否按时完成所负责的工作且遵守纪律;是否积极主动参与小组工作;是否全过程参与;是否吃苦耐劳;是否具有工匠精神						
交流沟通 (20分)	能否良好地表达自己的观点;能否倾听他人的观点						
团队合作 (20分)	能否与小组成员合作完成任务,并做到互相协作、互相帮助且听从指挥						
创新意识 (20分)	对待问题能否独立思考,提出独到见解;能否创新思维以解决遇到的问题						
小组成员最终得分							

课后反思

学习情境 2	半自动火焰切割钢板	任务 2	半自动火焰切割坡口
班级	第　　组	成员姓名	
情感反思	通过本任务的学习和实训,你认为自己在社会主义核心价值观、职业素养、学习和工作态度等方面有哪些部分需要加强?		
知识反思	通过本任务的学习,你掌握了哪些知识点?请画出思维导图。		
技能反思	在本任务的学习和实训过程中,你主要掌握了哪些技能?		
方法反思	在本任务的学习和实训过程中,你主要掌握了哪些分析问题和解决问题的方法?		

【课后习题】

一、选择题

1. 半自动切割时,手工划线宽度一般不大于( )mm。

A. 0. 5　　　　　　　　B. 1. 0　　　　　　　　C. 1. 5

2. 切割线与号料线的允许偏差为( )mm。

A. ±1. 0　　　　　　　　B. ±1. 5　　　　　　　　C. ±2. 0

3. 切割表面上缘熔化程度,一般要求最好看不出熔融金属,或者熔融金属宽度小于或等于( )mm。

A. 1. 0　　　　　　　　B. 1. 2　　　　　　　　C. 1. 5

4. 半自动切割时,手工划线宽度一般不大于( )mm,交角处圆角半径大于或等于 1. 0 mm。

A. 0. 3　　　　　　　　B. 0. 4　　　　　　　　C. 0. 5

5. CG1-30A 型小车式精密切割机的切割速度是( )mm/min

A. 50~100　　　　　　　　B. 100~150　　　　　　　　C. 150~200

二、填空题

1. 半自动切割机最大的特点是_____、_____、_____。

2. CG1-30 型半自动火焰切割机气割前还应在试验钢板上进行试切割,以调整_____、_____、_____等,并检查风线是否为笔直而清晰的圆柱体。

3. 管子切割机是专门切割管子的_____切割机,用于切割外径_____的钢管。

4. 仿形切割机是一种高效率的半自动切割机,适用于_____的切割。

5. 手扶式半自动切割机具有_____、_____、_____、_____的特点。

三、简答题

1. CG1-30 型线切割机出现局部割不透的原因有哪些?

2. 管子切割机出现切割机在管子上吸不住的原因是什么?

3. CG1-30 型线切割机出现割口偏离割线的原因有哪些?

4. CG2-150 型仿形切割机出现割件形状与图纸不一样的原因有哪些?

5. 手扶式半自动切割机出现切割面不整齐和有的地方未割透的原因有哪些?

学习情境 3 数控火焰切割钢板

【学习指南】

【情境导入】

    近年来,现代机械加工业迅速发展,对零件加工速度、加工精度提出了更高的要求。如何精密、高效地完成各种复杂形状零件下料作业是现代机械加工业面临的一个重要问题。对此,数控火焰切割技术是一个很好的解决方案。数控火焰切割技术能够实现生产过程的自动化,提高下料零件的质量,降低生产过程的人工费和材料成本,改善员工的劳动环境,确保安全、高效生产,为企业带来良好的经济效益。但是在实际生产过程中,因为各种原因也会产生零件变形。如何提高数控下料工件一次交验合格率,成了生产中亟待解决的难题。

【学习目标】

知识目标

1. 能够概述数控火焰切割技术的基本原理。
2. 能够阐述数控火焰切割设备的结构及工作原理。
3. 能够说出数控火焰切割设备的使用方法。

能力目标

1. 能够调试和选择切割火焰。
2. 能够正确操作数控火焰切割设备。
3. 能够正确调节数控火焰切割参数。
4. 能够进行数控火焰切割编程操作。
5. 能够进行不规则平面形状数控火焰切割。
6. 具有进行数控火焰切割操作及切割质量控制的能力。

素质目标

1. 培养学生树立成本意识、质量意识、创新意识,养成勇于担当、团队合作的职业素养。
2. 培养学生的工匠精神、劳动精神、劳模精神,达到以劳树德、以劳增智、以劳创新的目的。

【工作任务】

任务 1 数控火焰直线切割低碳钢板   参考学时:课内 4 学时(课外 4 学时)

任务 2 不规则平面形状切割低碳钢板   参考学时:课内 4 学时(课外 4 学时)

任务1 数控火焰直线切割低碳钢板

【任务工单】

学习情境 3	数控火焰切割钢板			任务 1	数控火焰直线切割低碳钢板
任务学时			课内 4 学时(课外 4 学时)		
布置任务					
任务目标	1.能够调试和选择切割火焰。 2.能够正确操作数控火焰切割设备。 3.能够正确调节数控火焰切割参数。 4.能够进行数控火焰切割编程操作				
任务描述	数控火焰切割技术能够实现生产过程的自动化,提高下料零件的质量,降低生产过程的人工费和材料成本,改善员工的劳动环境,确保安全、高效生产,为企业的带来良好的经济效益。本任务是数控火焰直线切割厚度为 12 mm 的低碳钢板				
学时安排	资讯 1 学时	计划 0.5 学时	决策 0.5 学时	实施 1 学时	检查 0.5 学时	评价 0.5 学时
提供资源	氧气、乙炔,手套、护目镜、钢丝刷等设备调试过程中所需的工具,Q235 钢板(试板尺寸为 12 mm×2 000 mm×2 000 mm,1 块)				
对学生的学习过程及学习成果的要求	1.能够在实训前进行安全检查。 2.严格遵守实训基地的各项管理规章制度。 3.根据实训要求能够选择切割的工艺参数。 4.每位同学均能自主学习"课前自学"部分内容,并能完成相应的课后习题。 5.严格遵守课堂纪律;学习态度认真、端正;能够正确评价自己和同学在本任务中的素质表现。 6.每位同学必须积极参与小组工作,承担合理选择工艺参数等工作,做到积极、主动、不推诿,能够与小组成员合作完成工作任务。 7.每位同学均需独立或在小组成员的帮助下完成任务工作单等,并提请教师检查、签认;仔细思考他人提出的建议,及时改正错误。 8.每组必须完成任务工单,并提请教师进行小组评价;小组成员分享小组评价分数或等级。 9.每位同学均需完成"课后反思"部分,以小组为单位提交				

【课前自学】

一、数控火焰切割的原理及应用

在机械加工过程中,常用的板材切割方式有手工切割、半自动切割机切割及数控切割机切割。与前两者相比,数控切割机切割可有效提高板材切割的效率、切割质量,降低操作者的劳动强度。

数控切割机是由人根据图样和数控装置的规定,编出切割程序,由计算机根据程序的要求进行运算,使割嘴沿图样要求的轨迹运动进行切割的。数控切割机使切割进入了高科技自动化阶段。仅就数控火焰切割机而言,它不仅实现了自动点火、自动调高、自动穿孔、自动切割、自动冲打标记、自动喷粉划线等全过程自动化控制,而且还因表面切割质量和尺寸精度高,可以保证工件尺寸通过切割一次加工成形。

随着现代机械加工业的发展,人们对切割的质量、精度要求不断提高,对提高生产效率、降低生产成本、具有高智能化的自动切割功能的要求也在提高。数控切割机的发展必须适应现代机械加工业发展的要求。从现在已有的几种通用数控切割机的应用情况来看,数控火焰切割机的功能及性能已比较完善。数控火焰切割机具有切割大厚度碳钢的能力,而且具有切割速度较快、精度高、效率高、效果好等优点。其利用氧气和乙炔燃烧的热能进行机械加工,主要用于切割加工领域。其坡口切割功能可以满足焊接工艺中对不同板材开不同角度坡口的要求,且具有低成本、无污染等特点。同时,其在钢铁、电力设备、锅炉业、石油化工和半导体等工业领域也得到广泛应用。火焰切割是用氧气和燃气(乙炔、丙烷等)燃烧产生的热能将工件切割处预热到燃点后,通过喷出高速切割氧流,使预热金属燃烧并放出热量以预热后部待切割金属,从而实现切割的方法。火焰切割的过程,实质上就是被切割材料在纯氧中燃烧的过程,而不是熔化过程。火焰切割机因具有如下优点而广泛应用于机械制造等行业。

(1)能完成直线、坡口、V形坡口、Y形坡口切割;配备专用割圆半径杆装置,还可以实现圆周切割。

(2)能同时安装2套或3套割炬,同时可以切割2条或3条直线,使效率提高。

(3)与大型数控火焰切割机一样,采用先进的数控技术,通过编程能够切割任意复杂平面形状的零件,可实现CAD(计算机辅助设计)图形转换直接切割。

(4)体积小、质量小、成本低、效率高、操作简单,特别适合于中小企业对金属钢板的下料要求。它广泛适用于造船、石油、锅炉、金属结构、冶金等行业。

数控火焰直线切割的原理与特点等内容可扫描二维码了解。

二、数控火焰切割设备的组成

1. 系统总体结构

数控火焰切割机均由机械部分、气路部分及电脑控制部分等3大部分组成,其整体结构见图3-1。机械部分包括纵向道轨(底

数控火焰直线切割的
原理与特点

架)、横向道轨(或横梁)、纵向传动箱及横向传动箱,各部分共同组成可实现 X 方向(横向)及 Y 方向(纵向)二维移动的结构,从而可在电脑的控制下按给定的线速度走出任意形状的轨迹。气路部分包括氧气及乙炔软管、电磁气阀等。

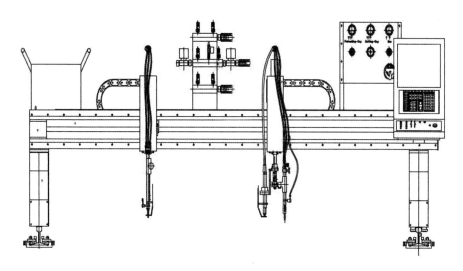

图 3-1　数控火焰切割机整体结构

2.气路系统

气路系统包括各供气管路、阀门、减压器、压力表及电磁气阀。各气路均预先调好后由控制系统统一控制,实现自动通断。机器供气、供电系统包括燃气、氧气,如有需要还包括压缩气、水等及工厂电网向机器供电的电缆,可能还有信号电缆、等离子电缆和接地电缆等。供电和供气通过电缆和软管悬挂或拖链装置馈入机器。

3.机械运行系统

机械运行系统由横梁、沿座、减速机构、升降机构等组成。由于实现了自动控制,因此对机械运行系统的精度提出了更高的要求,使切割由机械下料跃为机械加工的一种工艺方法。

(1)纵向门架

这部分由两个相同的端架及它们所支撑的横梁组成,是纵向移动机械结构的基础件。两侧端架同时也是滚轮的护罩,沿纵向导轨移动。横梁为焊接箱型结构,是门架不可分割的一部分。梁上装有横向驱动装置和割炬横向移动导轨,沿导轨有毫米刻度的钢尺(选择)。在副横梁上可装置多组直条割炬,可做直形板条下料用。机器有一对相同的纵向驱动装置,两个分开的驱动单元位于端架凹处的摇臂上。

(2)横向驱动装置及钢带装置

主割炬的横向运动原理:横梁上的齿条做直线运动,其他割炬移动体在做横向移动时,横向驱动装置带动夹在钢带上的割炬移动装置做同向或镜像运动。数控火焰切割机一般为轴向运动,其横向进给是在纵向进给的基础上叠加而成的,所要求的切割几何形状是通过纵、横向驱动配合来获得的。

4. 割炬装置

割炬装置由割炬升降装置和割炬夹持器组成。单割炬升降装置在横向导轨上运行,配有钢带夹紧装置。通过钢带把割炬升降装置同主驱动装置相连,可拖动割炬升降装置移动。马达驱动高度调节和割炬电容式调高控制单元是割炬装置上的重要部件。在割炬装置上的防尘金属箱体内,通过电机驱动升降滑块在直线轴承导杆上下滑动,可上下调节割炬(调节范围为 0~200 mm)。割炬结构见图 3-2。在切割过程中,割炬高低可通过电容式感应控制单元自动调整,也可通过手控马达调节主控制面板来控制。电容式自动调高系统见图 3-3。

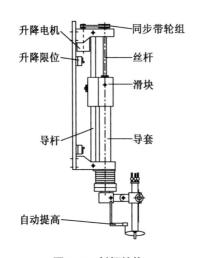

图 3-2　割炬结构　　　　　图 3-3　电容式自动调高系统

(1)手动/自动开关:用于测试进入自动调高控制时割嘴距离钢板的自动调节高度。在割炬下方合适位置放置钢板,按下自动按钮,割炬可自动上升或下降并停止于某自动调整的高度。此时再调整高度调节旋钮,使割炬高度发生变化。用此方法将割炬调至合适高度,并让设备进入自动切割,则控制系统将按此时割嘴与钢板之间的距离进行自动调高控制。当高度调节范围不合适时,需要通过调节最低高度调节旋钮来调整。此时先将高度调节旋钮调到最小,再调节最低高度调节旋钮,并使传感环与钢板之间的距离为 10 mm 左右。传感环在安装时一般应高出割嘴端部 5 mm 左右。

(2)上/下开关:用于非自动调高状态下,割嘴的高度调节。

(3)高度调节旋钮:用于自动状态下,调整感应环和钢板之间的距离。

5. 流体系统

每台切割机均有自己独立的流体分配系统,主要由减压系统、穿孔装置(选项)和流体、流体控制系统构成见图 3-4。

(1)减压系统主要由氧气、燃气专用减压阀和压力表组成,根据不同的切割工艺的需要,在气路操作面板上可方便地进行系统的压力调整。

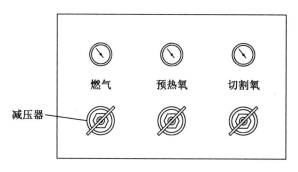

图 3-4 流体控制系统构成

(2)流体分配管,主要对割炬及其他辅助功能的流体进行控制,在控制面板上可进行操作。

每组割炬上均装有氧气、燃气回烧防止器,这样可有效避免因回火而造成管路损坏或其他伤亡事故。因此在使用过程中要定期检查回烧防止器,如发现有回烧防止器损坏,要及时更换。

三、数控火焰切割主要技术参数

1. 工作压力

下面对设备的工作压力调整进行简要介绍。机器上有切割氧、预热氧、燃气 3 种调压阀,通过这些阀可方便地控制氧气和燃气,保持必要的工作压力。调整各减压阀时必须打开割炬上相应的手控阀来调整所需的工作压力。使用不合理的工作压力会导致切割效率低或造成切割表面不佳等缺陷。

2. 设定切割速度和燃气压力

操作者应根据切割材料的性质选择合适的切割速度、燃气耗量、压力等参数。应注意:铁锈灰尘及氧化层会使切割氧流量降低;火焰调节不正确会使切割速度和切割质量下降。

3. 调节加热火焰

打开加热氧阀和燃气阀,点燃喷出的混合气体,将加热火焰调整至适合,见图 3-5。

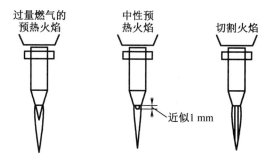

图 3-5 数控火焰切割火焰调节

切割薄板时必须用弱加热火焰,切割厚钢板时应用较强的加热火焰。如果切割边缘开始熔化,有残余滴挂或形成一串熔化小球,则说明加热太强。切割时,加热火焰太弱会劈啪作响,这会引起切口损坏,甚至发生回火。如果加热火焰调节合适,则切割氧喷流就显得干

净锋利。

4. 切割氧射流的调节

较好的切割氧射流是获得良好切口的决定性因素。如果切割氧射流正好位于加热火焰的中间,并能很容易看见几乎完全是圆锥形状的,说明切割氧射流调节正确。如果切割氧射流离开割嘴后呈扫帚样散开,或者完全看不清,说明割嘴阻塞,此时应该清洗割嘴,并且只可使用制造厂家推荐的通针,因为使用不适当的工具会导致割嘴产生不必要的损伤,这会降低切割质量。氧气不足时,加热火焰太长且不稳定;氧气适量时,加热火焰中心有一束明亮的蓝色圆锥火焰;氧气过量时,加热火焰短而微弱。

5. 割嘴与工件之间的距离

保证获得良好的切割质量的重要因素之一是割嘴和工件之间的距离设定正确。初级火焰(火焰的芯)的顶端在工件上约 1 mm 是理想的间距。这个距离的大小取决于割嘴号的大小,切割厚度和使用气体不同时,割嘴与工件之间的距离的近似值见表3-1。

表3-1 切割厚度和使用气体不同时,割嘴与工件之间的距离的近似值

切割厚度/mm	乙炔/mm	丙烷/mm
6~10	3~5	4~7
10~25	4~6	5~9
25~50	5~7	6~12
50~100	6~9	8~16
>100	8~10	12~20

6. 预热时间

从钢板边缘开始切割或穿孔所需的预热时间要根据燃气的类型、钢板的表面质量以及加热火焰的调节决定。表3-2中括号内的数值为在钢板上穿孔时的参考时间。如果使用高压预热系统,上述所列数值可减少约40%。预热时间在控制系统中设置。

表3-2 平均预热时间的参照值

切割厚度/mm	使用乙炔时的平均预热时间/s	使用丙烷时的平均预热时间/s
6~20	4~6(20~40)	7~9(25~45)
20~50	7~9(40~60)	9~11(45~65)
50~100	9~11(70~90)	13~15(70~90)

7. 穿孔预热循环

每个切割过程都由一个完整的全自动预热循环开始,先选中所用割炬,之后按"加热火焰开"按钮或执行数控机床(CNC)切割开始指令。开始切割前,操作者应在控制面板上预选切割是从板边缘开始还是用孔方法开始。

打开加热火焰后,加热火焰中心气体和氧气流应随压力的增加而打开,割炬点火预热

时间开始计时。当预热时间结束后,割炬立刻提升,孔穿透后自动调高装置关闭。数控火焰切割的工艺参数见表3-3。

表3-3　数控火焰切割的工艺参数

序号	切割厚度 /mm	切割速度 /(mm/min)	燃气压力 /MPa	预热氧压力 /MPa	切割氧压力 /MPa	切割氧耗量 /(m³/h)
1	5~10	700~500	≥0.03	0.3~0.5	0.7~0.8	1.0~1.5
2	10~20	600~380	≥0.03	0.3~0.5	0.7~0.8	2.0~2.5
3	20~40	500~350	≥0.03	0.3~0.5	0.7~0.8	3.2~3.7
4	40~60	420~300	≥0.03	0.3~0.5	0.7~0.8	5.2~5.7
5	60~100	320~200	≥0.03	0.3~0.5	0.7~0.8	7.5~8.0
6	100~150	260~140	≥0.04	0.3~0.5	0.7~0.8	10.4~11.0

数控火焰切割的技术参数和工艺参数等内容可扫描二维码了解。

四、数控火焰切割机操作规程

1. 上机操作前注意事项

(1)检查各路气管、阀门,不允许有泄漏;检查气体安全装置是否有效。

(2)检查所提供入口气体压力,如氧气、乙炔压力表的压力,见图3-6。

数控火焰切割的
技术参数和工艺参数

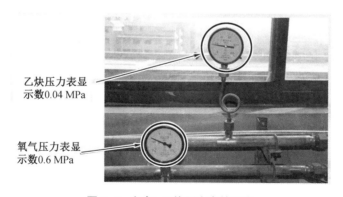

乙炔压力表显
示数0.04 MPa

氧气压力表显
示数0.6 MPa

图3-6　氧气、乙炔压力表的压力

(3)压力检查正常后,按逆时针方向打开数控火焰切割机支路的氧气阀和乙炔阀,见图3-7。注意:阀门开度不能太小,防止切割过程中供气不足。

(4)打开电源开关

将切割机电控箱面板上的橘黄色电源开关按顺时针方向旋转,打开数控火焰切割机电源,见图3-8。

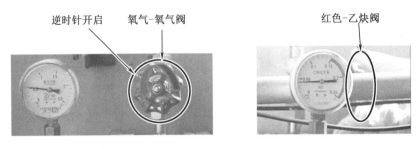

图3-7　氧气阀和乙炔阀

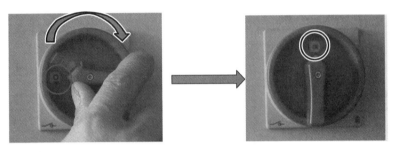

图3-8　橘黄色电源开关

(5)电源开启后,数控系统进入开机自检状态。自检完成后,弹出操作界面,完成开机操作,见图3-9。各操作开关及按钮功能见图3-10。

图3-9　操作界面

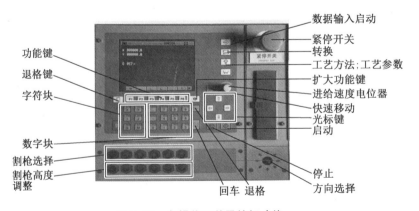

图3-10　各操作开关及按钮功能

（6）开机后归零

数控火焰切割机开机后，必须先进行归零操作，待找到参考点后，方可进行正常操作。未归零时，按归零以外的其他任意功能键都会出现图3-11的警示窗。

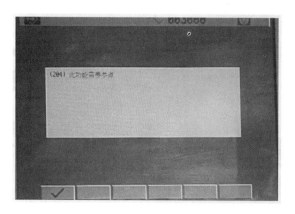

图3-11　警示窗

按下F1键取消警示窗后，按下显示屏左侧窗口键的转换按钮，进入归零界面，见图3-12。

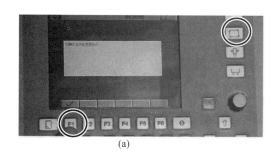 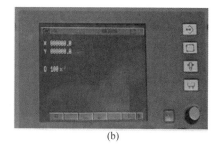

(a)　　　　　　　　(b)

图3-12　归零点界面

按下F4键，然后按下绿色启动按钮，机床开始沿Y轴方向以3 000 mm/min的速度运行，见图3-13。

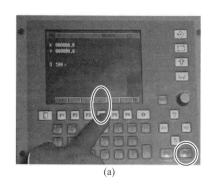 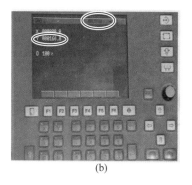

(a)　　　　　　　　(b)

图3-13　按下F4键，然后按下绿色启动按钮

当机床运行到即将靠近限位开关的位置时,调节速度进给电位器,降低机床运行速度,防止其因速度过快而冲出行程范围,见图3-14。

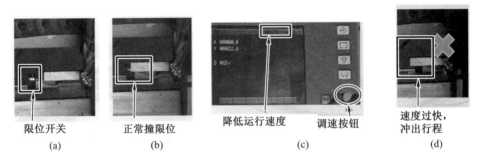

限位开关　　　正常撞限位　　　降低运行速度　调速按钮　　速度过快,冲出行程
　(a)　　　　　(b)　　　　　　(c)　　　　　　　　　(d)

图3-14　限位操作

在Y轴限位开关工作后,机床自动沿Y轴方向行走,此时如果限位块和限位开关之间的距离较远,可以适当调快行走速度,当限位块即将要靠近限位开关时,降低速度,防止因为行程过快而冲出行程范围,见图3-15。

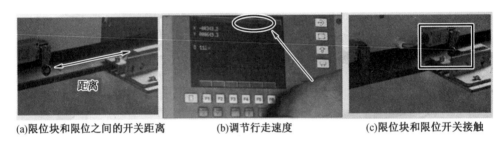

(a)限位块和限位之间的开关距离　　(b)调节行走速度　　(c)限位块和限位开关接触

图3-15　调节行走速度

在X轴限位开关动作后,机床沿Y轴方向移动,先往离开限位开关方向移动,等限位开关给出信号后反方向移动,再次触碰限位开关,限位开关给出信号,Y轴方向归零,随后进行X轴方向的归零,见图3-16。

(a)Y轴方向归零　　　　　　　　　　(b)X轴方向归零

图3-16　归零

在数控火焰切割机归零操作完成后,就进入正常操作界面,先选择行走方向,再按下绿色启动按钮,机床按设定方向和速度离开零点,见图3-17。

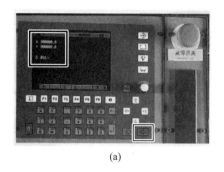 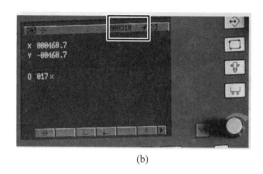

(a)　　　　　　　　　　　　　　　　(b)

图 3-17　正常操作界面

（7）操作切割割炬

必须注意：在机器移动前，先检查切割台上是否有其他堆放物或翘起的切割废料。如有，则必须在清除这些异物后，机器才能移动。这样可防止割炬撞上障碍物而造成割炬弯曲或其他部件的损坏。在出厂前，每把割炬都经过逆燃安全检查。如果使用脏污或损坏的割炬进行切割会失去安全性，在这种情况下可能会发生火焰回逆到割炬头里的情况，其现象是：火焰突然消失，割炬头中发出尖哮声或"嘶嘶"声。如果发生这种情况应立即关闭燃气阀，接着关闭加热氧阀和切割氧阀，并请专业人员进行检查，待查明回火原因后方能重新点火。点火前，要把管路和割炬中的烟灰吹除。

（8）关闭切割割炬

当一个工作程序结束，需要关闭切割割炬时，必须按照下列次序来关闭阀门：切割氧阀、燃气阀、加热氧阀。之后提升割炬，并移动机器以进行下一个切割程序。

2. 工作中的操作规程

（1）调整被切割的钢板，使之尽量与轨道保持平行。把钢板打扫干净，除去氧化皮。

（2）根据不同的板厚和材质，选择适合的割嘴。用两把扳手安装割嘴，确保割枪火口螺纹处没有明火。

（3）根据不同的板厚和材质，重新设定机器的切割速度和预热时间，并设定合理的预热氧、切割氧的压力。

（4）数控火焰切割机点火，具体如下：

按显示屏左侧窗口键的"工艺方法"按钮，进入火焰切割操作界面，见图3-18。

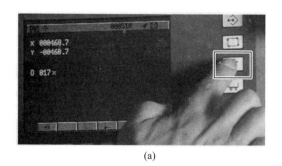 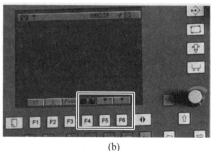

(a)　　　　　　　　　　　　　　　　(b)

图 3-18　进入火焰切割操作界面

按顺时针方向拧动调压阀手柄,调节切割氧、预热氧、乙炔的压力至正常工作压力,见图 3-19。

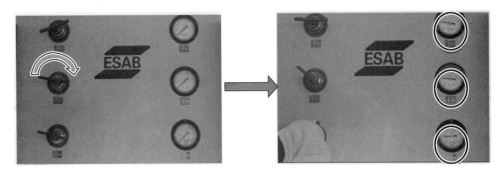

图 3-19　拧动调压阀手柄

从右往左依次打开点火乙炔阀、预热乙炔阀、切割氧阀和预热氧阀,注意预热氧阀的开度必须控制在 1/2 圈左右,见图 3-20。

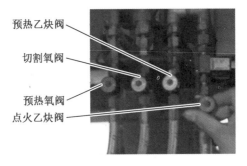

图 3-20　打开阀门

在切割机控制面板下方有两排开关,上面一排是割枪选择开关(图 3-21),共 6 个,可以控制 6 套割枪的开启和关闭。本台设备只配置 1 把割枪,所以只有 1 号开关处于开启状态,其余开关均处于关闭状态。下面一排开关控制对应割枪的高度。

图 3-21　割枪选择开关

按下 F5 键开始点火,此时自动跟枪自动打开,割嘴下降,同时点火乙炔电磁阀、预热氧电磁阀、预热乙炔电磁阀均打开,自动点火装置开始工作,火花塞两电极间开始放电,可以清楚地听见"啪啪"的放电声。点火过程中注意控制割嘴的高度,防止因其过低而导致触碰钢板,见图 3-22。

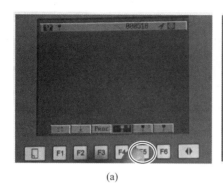
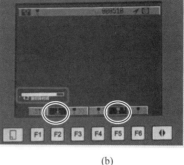

(a) (b)

图 3-22　开始点火

当显示屏显示预热时间时,说明点火过程已经完成。如果割嘴没有火焰出现,则说明点火失败,原因主要包括以下几个方面:

①设备长期不用。

②两个乙炔阀中有一个开度太小。

③高压帽工作异常,火花塞不点火。

④点火点位置不对。

按下 F4 键,关闭所有开启的电磁阀,然后按下 F5 键,重新点火。伴随着响亮的"啪"的一声,火焰被点燃。此时,火花塞放电停止,点火乙炔电磁阀自动关闭,切割机自动进入预热状态,见图 3-23。

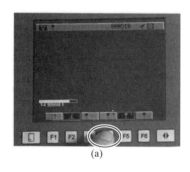
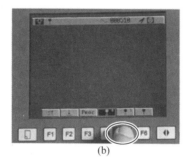

(a) (b) (c)

图 3-23　点火操作

(5)火焰调节,具体如下:

点火完成后,切割机处于预热状态,先按下 F2 键关闭自动跟枪功能,当预热时间结束后,切割氧阀会自动打开,进行切割过程。要关闭切割氧阀自动打开功能,只需要连续按压2 次 F6 键即可,见图 3-24。

观察火焰,判断火焰性质和火焰能率大小,根据切割的钢板厚度调节火焰能率,并把火焰调整为中性焰,见图 3-25。

按下 F6 键,打开切割氧阀,观察切割氧射流线是否挺直。如果切割氧射流线歪斜或呈喇叭状,则需按下 F4 键,关闭火焰,清理或更换割嘴,见图 3-26。

(a)自动跟枪开启状态　　　(b)按下F2键关闭自动跟枪功能　　　(c)关闭切割氧阀自动打开功能

图 3-24　自动跟枪操作

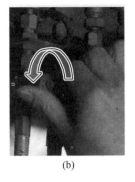

(a)　　　　　　　　　(b)　　　　　　　　　(c)

图 3-25　火焰调节

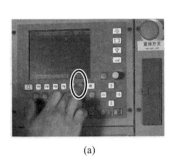

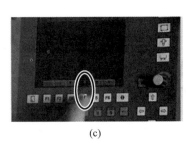

(a)　　　　　　　　　(b)　　　　　　　　　(c)

图 3-26　观察切割氧射流线

关闭火焰后,为方便操作,可将割枪升至一定高度,移出切割机平台,用通针清理割嘴,见图 3-27。若清理达不到效果,则需要更换割嘴。

(a)　　　　　　　(b)　　　　　　　(c)　　　　　　　(d)

图 3-27　清理割嘴

（6）工作人员应尽量采取飞溅小的切割方法以保护割嘴。开始点火时,割嘴与钢板之间的距离不能太近。此外,还应调整合理的预热时间。在切割过程中,割嘴与钢板之间的距离保持在 10 mm 左右。

（7）在切割过程中调整机器的切割速度,直至切割钢板时有"卟、卟"声音为止。

（8）切割完毕后,检查、测量被切割零件的表面光洁度和尺寸,应符合生产要求。

（9）在切割过程中如发生回火现象,应及时切断电源,停机并关闭气体阀门。回火阀片如被烧化,应停止使用,等待厂家或专业人员进行更换。

（10）操作者上机时要时刻注意设备运行状况,如发现有异常情况,应按动紧停开关,及时退出工作位。严禁开机脱离现场。

（11）操作者应注意:切割完一个工件后,应将割枪提升回原位,待运行到下一个工位时,再进行切割。

（12）操作者应按规定给定的切割要素选择切割速度,不允许单纯为了提高工效而增大设备负荷,应使机器以中低速限位,并应处理好设备寿命与效率和环保之间的关系。

（13）桥吊在吊物运行时,其导轨周围无防护栏,故不准经临轨道上空,禁止跨梁而过。

3. 数控切割机保养

（1）轨道上不允许人员站立、踩踏和靠压重物,更不允许撞击。导轨面的每个面在用压缩空气除尘后用纱布蘸 20 号机油擦拭。随时保持导轨面润滑、清洁。

（2）传动电机输出齿轮及传动齿条用 20 号机油清洗,不允许齿条上有颗粒飞溅物。

（3）梁上齿条板用纱布蘸 20 号机油擦拭。对于割枪提伸主轴,每年用二硫化钼润滑油加油清洗一次。

（4）梁上尘埃应及时吹除。割枪间传导钢带只允许用干净纱布擦拭,不允许用油布擦拭。

（5）操作者只允许拆卸割嘴,不能随意拆卸其余零件。电气接线盒只允许在有关人员检修时打开。

（6）定期清理点火器中火花塞上的积碳。

（7）严禁私自拆机检查。

【任务实施】

一、工作准备

1. 试板

采用 Q235 钢板,试板尺寸为 12 mm×2 000 mm×2 000 mm,1 块。清理试板中间的油、锈及其他污物以便调试设备时使用,见图 3-28。

2. 气体

氧气和乙炔。

3. 工具

手套、护目镜、钢丝刷等设备调试过程中所需的工具。

图 3-28　清理钢板表面

二、工作程序

（1）把试板置于切割支架上，按照所需工件的尺寸在试板上画线，见图 3-29，注意调整试件的平整度与直线度。

图 3-29　按照要求画线

（2）接通电源，开启数控火焰切割设备。

（3）开通切割气体氧气和乙炔，调节气体流量。

（4）进入主界面，选择 F4 键，回原点，调节行走速度为 1 000 mm/min，完成 X 轴和 Y 轴的回原点。

（5）选定割枪，设定割枪的运动方向。按下启动按钮，使割枪运动到试板中央，调整割嘴与试板的距离为 3~10 mm。

（6）校准钢板位置，即在割嘴移动到钢板另一端后，观察割嘴中心是否对准加工线，如果偏斜则用撬棍调整钢板位置，调整好后将割嘴往起头端移动，复查一下割嘴中心线是否在所画的加工线上，见图 3-30。

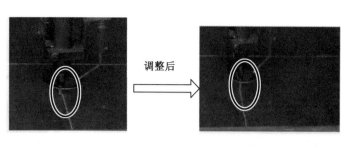

调整后

图 3-30　调整钢板位置

(7)进入切割界面,按下点火按钮,点燃火焰并调节火焰为中性焰,准备切割。

(8)将割炬移动到待切割工件的边缘处进行预热,见图 3-31。预热时间与切割方式、板材厚度、起火点位置等多种因素有关,可按经验来设定。在预热过程中,可根据实际预热情况,随时增减预热时间。

图 3-31　预热

(9)在工件边缘温度足够时,在操作界面上按下开启切割氧阀的功能键,同时按下"启动"按钮以开始切割。注意:一定要先调整好割炬运动方向和切割速度。

(10)在工件切割完毕后,在操作界面上按下"停止"按钮,此时割炬会自动升起。然后调整割炬的运动方向和割嘴与工件之间的距离,进行下一个工件的切割。

【数控火焰直线切割低碳钢板工作单】

计划单

学习情境3	数控火焰切割钢板		任务1	数控火焰直线切割低碳钢板
工作方式	组内讨论,团结协作,共同制订计划。小组成员进行工作讨论,确定工作步骤		计划学时	0.5学时
完成人	1.　　　　　2.　　　　　3.		4.　　　　　5.	6.

计划依据:1.图纸;2.数控火焰切割工艺

序号	计划步骤	具体工作内容描述
1	准备工作(准备工具。谁去做?)	
2	组织分工(成立组织。各人员都需要具体完成什么工作?)	
3	制定数控火焰切割工艺方案(如何切割?)	
4	切割操作(切割前需要准备什么?切割操作中遇到问题时如何解决?)	
5	整理资料(谁负责?整理什么?)	
制订计划说明	(对各人员完成任务提供可借鉴的建议或对计划中的某些方面做出解释。)	

决策单

学习情境 3	数控火焰切割钢板	任务 1	数控火焰直线切割低碳钢板
决策学时		0.5 学时	

决策目的:数控火焰直线切割工艺方案对比分析,比较切割质量、切割时间、切割成本等

	组号成员	工艺的可行性（切割质量）	切割的合理性（切割时间）	切割的经济性（切割成本）	综合评价
工艺方案对比	1				
	2				
	3				
	4				
	5				
	6				
决策评价	结果:(将自己的工艺方案与组内成员的工艺方案进行对比并分析,对自己的工艺方案进行修正并说明修正原因,确定一个最佳方案。)				

检查单

学习情境3	数控火焰切割钢板		任务1	数控火焰直线切割低碳钢板
评价学时		课内:0.5学时		第　　　组

检查目的及方式	教师对小组的工作过程和工作情况进行检查。如检查后等级为不合格,则小组需要进行整改并做出整改说明

序号	检查项目	检查内容	检查结果分级 （在检查相应的分级框内画"√"）				
			优秀	良好	中等	合格	不合格
1	准备工作	资源是否查到;材料是否齐备					
2	分工情况	安排是否合理、全面;分工是否明确					
3	工作态度	小组工作是否积极、主动且全员参与					
4	纪律出勤	是否按时完成所负责的工作内容,遵守工作纪律					
5	团队合作	成员是否互相协作、互相帮助,并听从指挥					
6	创新意识	任务完成过程是否不照搬照抄;看问题是否有独到见解和创新思维					
7	完成效率	工作单记录是否完整;是否按照计划完成任务					
8	完成质量	工作单填写是否准确;工艺是否达标					
检查评语			教师签字:				

任务评价

1. 小组工作评价单

学习情境 3	数控火焰切割钢板		任务 1	数控火焰直线切割低碳钢板		
评价学时			课内：0.5 学时			
班级：			第　　　组			
考核情境	考核内容及要求	分值/分	小组自评（10%）/分	小组互评（20%）/分	教师评价（70%）/分	实得分（∑）/分
汇报展示（20分）	演讲资源利用	5				
	演讲表达和非语言技巧应用	5				
	团队成员补充配合程度	5				
	时间与完整性	5				
质量评价（40分）	工作完整性	10				
	工作质量	5				
	报告完整性	25				
团队情感（25分）	核心价值观	5				
	创新性	5				
	参与率	5				
	合作性	5				
	劳动态度	5				
安全文明（10分）	工作过程中的安全保障情况	5				
	工具正确使用、保养和放置规范性情况	5				
工作效率（5分）	能够在要求的时间内完成，每超时 5 min 扣 1 分	5				

2.小组成员素质评价单

学习情境 3	数控火焰切割钢板		任务 1	数控火焰直线切割低碳钢板
班级	第　　组		成员姓名	
评分说明	每个小组成员的评分包括自评分和小组其他成员评分两部分,取平均值作为该小组成员最终得分。评分项目共包括以下 5 项。评分时,每人依据评分内容进行合理量化评分。小组成员在进行自评分后,要找小组其他成员以不记名的方式进行评分			

评分项目	评分内容	自评分	成员 1 评分	成员 2 评分	成员 3 评分	成员 4 评分	成员 5 评分
核心价值观 (20分)	有无违背社会主义核心价值观的思想及行动						
工作态度 (20分)	是否按时完成所负责的工作且遵守纪律;是否积极主动参与小组工作;是否全过程参与;是否吃苦耐劳;是否具有工匠精神						
交流沟通 (20分)	能否良好地表达自己的观点;能否倾听他人的观点						
团队合作 (20分)	能否与小组成员合作完成任务,并做到互相协作、互相帮助且听从指挥						
创新意识 (20分)	对待问题能否独立思考,提出独到见解;能否创新思维以解决遇到的问题						
小组成员最终得分							

课后反思

学习情境 3	数控火焰切割钢板	任务 1	数控火焰直线切割低碳钢板
班级	第　　组	成员姓名	

情感反思	通过本任务的学习和实训,你认为自己在社会主义核心价值观、职业素养、学习和工作态度等方面有哪些部分需要加强?
知识反思	通过本任务的学习,你掌握了哪些知识点?请画出思维导图。
技能反思	在本任务的学习和实训过程中,你主要掌握了哪些技能?
方法反思	在本任务的学习和实训过程中,你主要掌握了哪些分析问题和解决问题的方法?

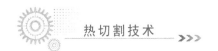

任务2 不规则平面形状切割低碳钢板

【任务工单】

学习情境3	数控火焰切割钢板			任务2	不规则平面形状切割低碳钢板
任务学时			课内4学时(课外4学时)		
布置任务					
任务目标	1. 能够调试和选择切割火焰。 2. 能够正确操作数控火焰切割设备。 3. 能够正确调节数控火焰切割参数。 4. 能够进行数控火焰切割编程操作				
任务描述	数控火焰切割技术能够实现生产过程的自动化,提高下料零件的质量,降低生产过程的人工费和材料成本,改善员工的劳动环境,确保安全、高效生产,为企业带来良好的经济效益。本任务是数控火焰切割厚度为20 mm的不规则平面形状的低碳钢板				
学时安排	资讯 1学时	计划 0.5学时	决策 0.5学时	实施 1学时	检查 0.5学时	评价 0.5学时
提供资源	氧气、乙炔,手套、护目镜、钢丝刷等设备调试过程中所需的工具,Q235钢板(试板尺寸为20 mm×2 000 mm×2 000 mm,1块)				
对学生的学习过程及学习成果的要求	1. 能够在实训前进行安全检查。 2. 严格遵守实训基地的各项管理规章制度。 3. 根据实训要求能够选择切割的工艺参数。 4. 每位同学均能自主学习"课前自学"部分内容,并能完成相应的课后习题。 5. 严格遵守课堂纪律;学习态度认真、端正;能够正确评价自己和同学在本任务中的素质表现。 6. 每位同学必须积极参与小组工作,承担合理选择工艺参数等工作,做到积极、主动、不推诿,能够与小组成员合作完成工作任务。 7. 每位同学均需独立或在小组成员的帮助下完成任务工作单等,并提请教师检查、签认;仔细思考他人提出的建议,及时改正错误。 8. 每组必须完成任务工单,并提请教师进行小组评价;小组成员分享小组评价分数或等级。 9. 每位同学均需完成"课后反思"部分,以小组为单位提交				

【课前自学】

一、数控火焰切割工艺

切割精度是指切割后工件的几何尺寸与其图纸尺寸对比的误差关系。切割质量是指工件切割断面的表面粗糙度、切口上缘的熔化、塌边程度、切口下缘是否有挂渣和割缝宽度的均匀性等。

1. 火焰切割的 3 个基本要素

（1）气体

①氧气

氧气是可燃气体燃烧时所必需的物质,可为可燃气体燃烧并达到钢材的燃点提供所需的能量。另外,氧气是钢材被预热达到燃点后进行燃烧所必需的物质。切割钢材时所用的氧气必须有较高的纯度(即体积分数),一般要求在 99.5% 以上,一些先进国家的工业标准要求氧气纯度在 99.7% 以上。氧气纯度每降低 0.5%,钢板的切割速度就会降低 10% 左右。如果氧气纯度降低 0.8%~1.0%,则不仅切割速度会下降 15%~20%,而且割缝会随之变宽,切口下缘挂渣多且清理困难,切割断面质量明显劣变,气体消耗量也随之增加。显然,这会降低生产效率和切割质量,显著增加生产成本。

采用液氧切割虽然一次性投入大,但从长远看,其综合经济指标比想象的要好得多。

气体压力的稳定性对于工件的切割质量也是至关重要的。波动的氧气压力将使切割断面质量明显劣变。气体压力是根据所使用的割嘴类型、切割的钢板厚度调整的。切割时,如果采用超出规定的氧气压力,则非但不能提高切割速度,反而会使切割断面质量下降,并造成挂渣难清的情况,增加切割后的加工时间和费用。

②可燃气体

在火焰切割中,常用的可燃气体有乙炔、煤气、天然气、丙烷等,国外有些厂家还使用 MAPP(即甲烷+乙烷+丙烷)。一般来说,燃烧速度快、燃烧值高的气体适用于薄板切割;燃烧速度缓慢、燃烧值低的可燃气体适用于厚板切割,尤其是切割厚度在 200 mm 以上的钢板,此时如采用煤气或天然气进行切割,将会得到理想的切割质量,只是切割速度会稍微降低一些。相比较而言,乙炔比天然气要贵得多,但由于资源储量等问题,在实际生产中,一般多采用乙炔。只有在切割大厚板且同时要求较高的切割质量和资源充足时,才考虑使用天然气。

③火焰的调整

通过调整氧气和乙炔的比例可以得到 3 种切割火焰:中性焰、氧化焰和碳化焰。中性焰的特征是:还原区没有自由氧和活性炭;有 3 个明显的区域,焰心有鲜明的轮廓(接近圆柱形)。焰心的成分是乙炔和氧气,其末端呈均匀的圆形并有光亮的外壳。外壳由炽热的炭质点组成。焰心的温度达 1 000 ℃。还原区位于焰心之外,与焰心的明显区别是其亮度较暗。还原区由乙炔未完全燃烧的产物——氧化碳和氢组成,温度可达 3 000 ℃左右。外焰即完全燃烧区,位于还原区之外,由二氧化碳和水蒸气、氮气(N_2)组成,其温度在 1 200~2 500 ℃之间变化。氧化焰是在氧气过剩的情况下产生的,其焰心呈圆锥形,与中性焰相比长度明显缩短,轮廓也不清楚,亮度暗淡。其还原区和外焰也缩短了,火焰呈紫蓝色,燃烧时伴有响声,响声的大小与氧气的压力有关。氧化焰的温度高于中性焰。如果使用氧化焰进行切割,将会使切割质量明显劣化。碳化焰是在乙炔过剩的情况下产生的,其焰心没有明显的轮廓,焰心末端有绿色的边缘,此为判断有过剩的乙炔的依据;其还原区异常明亮,几乎和焰心混为一体;其外焰呈黄色。当乙炔过剩太多时,开始冒黑烟,这是因为火焰中的乙炔燃烧缺乏必需的氧气。

预热火焰能量的大小与切割速度、切割质量关系相当密切。随着被切工件板厚的增大和切割速度的加快,预热火焰的能量也应增大,但又不能太大。尤其在切割厚板时,金属燃烧产生的反应热增大,加强了对切割点前沿的预热能力,这时,过强的预热火焰将使切口上缘严重熔化、塌边。太弱的预热火焰,又会使钢板得不到足够的能量,造成切割速度降低,甚至造成切割过程中断。所以预热火焰的强弱与切割速度的关系是互相制约的。一般来说,切割厚度在 200 mm 以下的钢板时使用中性焰可以获得较好的切割质量;切割大厚度钢板时应使用还原焰预热、切割,因为还原焰较长,火焰的长度应为板厚的 1.2 倍以上。

(2)切割速度

切割速度与钢材在氧气中的燃烧速度相对应。在实际生产中,应根据所用割嘴的性能参数、气体种类及纯度、钢板材质及厚度来调整切割速度。切割速度直接影响切割过程的稳定性和切割断面质量。如果想通过人为地加快切割速度来提高生产效率或通过减慢切割速度来改善切割断面质量,是很难实现的,这只能使切割断面质量变差。过快的切割速度会使切割断面出现凹陷和挂渣等质量缺陷,严重的有可能造成切割过程中断;过慢的切割速度会使切口上缘熔化、塌边,下缘产生圆角,切割断面的下半部分出现水冲状深沟、凹坑等。通过观察熔渣从切口喷出的特点,可调整切割速度到合适值。

(3)割嘴与被切工件表面的高度

在火焰切割钢板的过程中,割嘴到钢板表面的距离是决定切割质量和切割速度的主要因素之一。针对不同厚度的钢板,应使用不同参数的割嘴,并将割嘴到钢板的距离调整到相应值。为保证获得高质量的切口,割嘴到钢板表面的距离在整个切割过程中必须保持基本一致。

2.引入线

为保证工件质量,一般不在工件轮廓上直接安排穿透点(即打火点),而是使其离开工件一段距离,经过一段切割线后再进入工件轮廓,这段切割线通常称为引入线或切割引线。引入线的长度由材料厚度和所采用的切割方法确定。一般来讲,引线的长度随材料厚度的增加而加长。在安排引入线时应注意如下几点:

(1)引入线在不影响穿孔和切割的情况下应尽可能地短,其引入方向应与切割机运行方向尽可能保持一致。在穿孔时,飞溅的熔渣应不飞向切割机,而是向切割机启动运行的反方向飞去。

(2)引入线在切割工件内腔时的安排如下:

①直引线。在实际切割中,直引线最为常用,但在切割起、终点处容易遗留一个凹痕和"小尾巴",见图 3-32(a)。工件内腔是方形时,引线一般从某一角切入(图 3-32(b));对圆形内腔一般没什么要求。

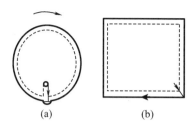

图 3-32　数控火焰切割直引线引入方法

②圆引线。如果要求切割接点有较高质量,最好使用圆引线,见图 3-33(a)。

(3)在切割工件外形时,一般采用直引线,见图 3-33(b)。

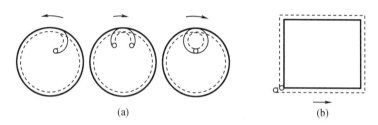

图 3-33　数控火焰切割圆引线引入方法

(4)设计引入线时,还应尽可能减少材料浪费,有时需配合套料来考虑。

3. 热变形的控制

在切割过程中,由于对钢板的加热和冷却不均匀,钢板内部应力的作用将使被切割的工件产生不同程度的弯曲或移位,即热变形,具体表现是出现形状扭曲和切割尺寸偏差。由于钢板内部应力不可能平衡和完全消除,因此只能采取一些措施来减轻热变形。

4. 钢板表面预处理

钢板从钢铁厂经过一系列的中间环节才能到达切割车间。在这段时间里,其表面难免产生一层氧化皮。此外,钢板在轧制过程中,其表面也会产生一层氧化皮。这些氧化皮的熔点高且不容易燃烧和熔化,会增加预热时间,降低切割速度。同时,经过加热,氧化皮会四处飞溅,极易造成割嘴堵塞,缩短割嘴的使用寿命。所以在切割前,很有必要对钢板表面进行预处理——除锈。

常用的除锈方法是先进行抛丸除锈,之后进行喷漆防锈,即先将细小铁砂用喷丸机喷向钢板表面,靠铁砂对钢板的冲击力除去氧化皮,之后喷上可阻燃、导电性好的防锈漆。

在切割之前对钢板进行除锈、喷漆的预处理已成为金属结构生产中不可缺少的环节。

二、数控火焰切割的质量缺陷与原因分析

在实际生产过程中,经常会产生各种质量问题,一般有如下几种:边缘缺陷、切割断面缺陷、挂渣、裂纹等。而产生质量问题的原因很多,如果氧气纯度、设备运行均正常,那么造成数控火焰切割质量缺陷的原因主要体现在以下几个方面:割炬、割嘴、钢板本身的品质和材质。

1. 上缘切割质量缺陷

(1)上缘塌边

现象:边缘熔化过快,造成圆角塌边。

原因：

①切割速度太慢

②预热火焰太强。

③割嘴与工件之间的距离太大或太小。

④使用的割嘴号太大。

⑤火焰中氧气过剩。

（2）水滴状熔豆串（图3-34）

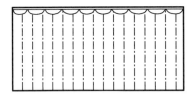

图3-34　水滴状熔豆串

现象：在切口上缘形成一串水滴状的熔豆。

原因：

①钢板表面锈蚀或有氧化皮。

②割嘴与钢板之间的距离太大或太小。

③预热火焰太强。

（3）上缘塌边并呈现房檐状（图3-35）

现象：在切口上缘形成房檐状的凸出塌边。

原因：

①预热火焰太强。

②割嘴与钢板之间的距离太大或太小。

③切割速度太慢。

④使用的割嘴号偏大。

⑤预热火焰中氧气过剩。

（3）切割断面上缘有挂渣（图3-36）

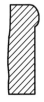　　　　

图3-35　割件上缘塌边　　　　图3-36　切割断面上缘挂渣

现象:切割断面上缘凹陷并有挂渣。

原因:

①割嘴与钢板之间的距离太大。

②切割氧的压力太大。

③预热火焰太强。

2. 切割断面凹凸不平

(1)切割断面上缘下方有凹形缺陷(图 3-37)

现象:切割断面上缘有凹陷,同时有不同程度的熔化、塌边。

原因:

①切割氧的压力太大。

②割嘴与钢板之间的距离太大。

③割嘴有杂物堵塞,使风线受到干扰并变形。

(2)割缝从上向下收缩(图 3-38)

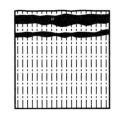 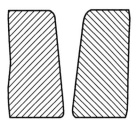

图 3-37　切割断面上缘凹形缺陷　　图 3-38　割缝上宽下窄

现象:割缝上宽下窄。

原因:

①切割速度太快。

②割嘴与钢板之间的距离太大。

③割嘴有杂物堵塞,使风线受到干扰并变形。

(3)割缝上窄下宽(图 3-39)

现象:割缝上窄下宽,呈喇叭状。

原因:

①切割速度太快。

②切割氧的压力太大。

③割嘴号偏大,使切割氧的流量太大。

④割嘴与钢板之间的距离太大。

(4)切割断面凹陷(图 3-40)

现象:在整个切割断面上,尤其中间部位有凹陷。

原因:

①切割速度太快。

②使用的割嘴号太小,切割压力太小,割嘴堵塞或损坏。

③切割氧的压力过大,风线因受阻而变坏。

图 3-39　割缝上窄下宽　　　　　　图 3-40　切割断面凹凸不平

（5）切割断面呈现出大的波纹形状

现象：切割断面凹凸不平，呈现较大的波纹形状。

原因：

①切割速度太快。

②切割氧的压力太小，割嘴堵塞或损坏，使风线变坏。

③使用的割嘴号太大。

（6）切口不垂直（图 3-41）

现象：切口不垂直，出现斜角。

原因：

①割炬与钢板表面不垂直。

②风线不正。

（7）切口下缘成圆角（图 3-42）

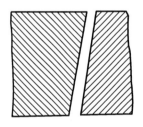 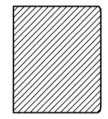 

图 3-41　切口不垂直　　　　　　图 3-42　切口下缘呈圆角

现象：切口下缘有不同程度的熔化，呈圆角状。

原因：

①割嘴堵塞或损坏，使风线变坏。

②切割速度太快；切割氧的压力太大。

（8）切口下部凹陷且下缘成圆角

现象：切口下部凹陷且下缘熔化，呈圆角状。

原因：

切割速度太快，割嘴堵塞或损坏，风线因受阻而变坏。

3. 切割断面的粗糙度缺陷

切割断面的粗糙度直接影响后续工序的加工质量，其与割纹的超前量及深度有关。

（1）切割断面后拖量过大（图 3-43）

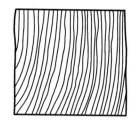

图 3-43　切割断面后拖量过大

现象:切割断面割纹向后偏移很大,同时随着偏移量的大小不同而出现不同程度的凹陷。

原因:

①切割速度太快。

②使用的割嘴号太小;切割氧的流量太小,切割氧的压力太大。

③割嘴与钢板之间的距离太大。

(2)在切割断面的上半部分出现割纹超前量(图 3-44)

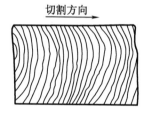

图 3-44　切割断面的割纹超前量

现象:在切割断面的上半部分,形成一定程度的割纹超前量。

原因:

①割炬与切割方向不垂直。

②割嘴堵塞或损坏。

③风线因受阻而变坏。

(2)切割断面靠近下缘处的割纹超前量太大(图 3-45)

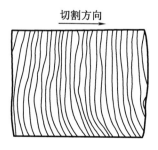

图 3-45　切割断面靠近下缘处的割纹超前量太大

现象:切割断面在靠近下缘处出现过大的割纹超前量。

原因:

①割嘴堵塞或损坏,风线因受阻而变坏。

②割炬不垂直或割嘴有问题,使风线不正、倾斜。

4. 挂渣

在切割断面上或其下缘产生难以清除的挂渣。

(1)在切割断面上产生挂渣

现象:在切割断面上,尤其在下半部分有挂渣。

原因:合金成分含量太高。

(2)下缘挂渣(图3-46)

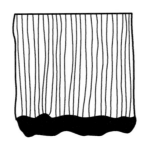

图3-46 切割断面下缘挂渣

现象:在切割断面的下缘产生连续的挂渣。

原因:

①切割速度太快或太慢。

②使用的割嘴号太小;切割氧的压力太小。

③预热火焰中燃气过剩。

④钢板表面有氧化皮锈蚀或其他脏污。

⑤割嘴与钢板之间的距离太大。

⑥预热火焰太强。

5. 裂纹

现象:在切割断面上出现可见裂纹,或在切割断面附近的内部出现脉动裂纹,或只在横断面上出现可见裂纹。

原因:

①含碳量或合金成分含量太大。

②采用预热切割法时,预热温度不够,钢板冷却太快并硬化。

【知识问答】

请问同学们:世界上第一台数控火焰切割机是在什么时间由谁生产的?中国第一台数控切割机是由谁生产的?下面我们一起来探寻这些问题的答案。

世界上第一台数控火焰切割机由英国氧气公司在1961年研制成功。由于火焰切割技术具有轻便、操作灵活等优点,因此其很快在工厂生产中获得应用。但在当时,火焰切割的质量和精度比较低,切割表面也很粗糙。

在新中国成立前和新中国成立初期,中国造船业主要以修船为主,同时建造一些小型船舶。因为当时船厂设备陈旧,大部分船舶采用铆接方式生产。而且因为板材较薄,加工过程中的切割以机械剪切为主,并且这些材料需要人工切割。

1960年初,上海船厂研制成了光电监控跟踪自动切割机,提高了工效与质量。

1960年起,上海船厂开始研究并推广炭弧气刨工艺来替代风动批锯,改善了工作环境,减轻了工人劳动强度。

1964年,江南造船厂引进联邦德国SIGMAT光电切割机,并在万吨货船的肋板试生产,质量符合要求。

1971年,广州中山造船厂研制成功我国第一台数控切割机。

【任务实施】

一、工作准备

1. 试板

采用Q235钢板,试板尺寸为20 mm×2 000 mm×2 000 mm,1块。清理试板中间的油、锈及其他污物以便进行切割。

2. 气体

氧气和乙炔。

3. 工具

手套、护目镜、钢丝刷等设备调试过程中所需的工具。

二、工作程序

(1)按照数控火焰气割设备调试的工作程序完成设备回原点等调试工作。

(2)进入固化图形选择界面,选择需要切割的图形并修改尺寸,之后按下选择键以进行确定。

(3)根据板厚设置预热时间、穿孔时间并设定好数控火焰切割程序。

(4)进入切割界面,按下选择键以进行自动切割。注意:在此过程中,可以先将火焰关闭,进行切割轨迹的模拟,待确定无误后再进行正式切割下料。

(5)在工件切割完毕后,在操作界面按下"停止"按钮,此时割炬会自动升起,然后调整割炬的运动方向和割嘴与工件之间的距离,进行下一个工件的切割。

(6)检验割件的切割质量并进行参数的调节,完善切割工艺。

【不规则平面形状切割低碳钢板工作单】

计划单

学习情境3	数控火焰切割钢板	任务2	不规则平面形状切割低碳钢板

工作方式	组内讨论,团结协作,共同制订计划。 小组成员进行工作讨论,确定工作步骤	计划学时	0.5学时

完成人	1.　　　　2.　　　　3.　　　　4.　　　　5.　　　　6.

计划依据:1.图纸;2.数控火焰切割工艺

序号	计划步骤	具体工作内容描述
1	准备工作(准备工具。谁去做?)	
2	组织分工(成立组织。各人员都需要具体完成什么工作?)	
3	制定数控火焰切割工艺方案(如何切割?)	
4	切割操作(切割前需要准备什么?切割操作中遇到问题时如何解决?)	
5	整理资料(谁负责?整理什么?)	
制订计划说明	(对各人员完成任务提供可借鉴的建议或对计划中的某些方面做出解释。)	

决策单

学习情境 3	数控火焰切割钢板		任务 2	不规则平面形状切割低碳钢板
决策学时			0.5 学时	

决策目的:数控火焰切割工艺方案对比分析,比较切割质量、切割时间、切割成本等

	组号成员	工艺的可行性（切割质量）	切割的合理性（切割时间）	切割的经济性（切割成本）	综合评价
工艺方案对比	1				
	2				
	3				
	4				
	5				
	6				
决策评价	结果:(将自己的工艺方案与组内成员的工艺方案进行对比并分析,对自己的工艺方案进行修正并说明修正原因,确定一个最佳方案。)

检查单

学习情境 3	数控火焰切割钢板	任务 2	不规则平面形状切割低碳钢板
评价学时		课内:0.5 学时	第　　组

检查目的及方式	教师对小组的工作过程和工作情况进行检查。如检查后等级为不合格,则小组需要进行整改并做出整改说明

序号	检查项目	检查内容	检查结果分级 (在检查相应的分级框内画"√")				
			优秀	良好	中等	合格	不合格
1	准备工作	资源是否查到;材料是否齐备					
2	分工情况	安排是否合理、全面;分工是否明确					
3	工作态度	小组工作是否积极、主动且全员参与					
4	纪律出勤	是否按时完成所负责的工作内容,遵守工作纪律					
5	团队合作	成员是否互相协作、互相帮助,并听从指挥					
6	创新意识	任务完成过程是否不照搬照抄;看问题是否有独到见解和创新思维					
7	完成效率	工作单记录是否完整;是否按照计划完成任务					
8	完成质量	工作单填写是否准确;工艺是否达标					
检查评语						教师签字:	

任务评价

1. 小组工作评价单

学习情境 3	数控火焰切割钢板		任务 2		不规则平面形状切割低碳钢板	
评价学时			课内：0.5 学时			
班级：			第　　　组			
考核情境	考核内容及要求	分值/分	小组自评（10%）/分	小组互评（20%）/分	教师评价（70%）/分	实得分（∑）/分
汇报展示（20分）	演讲资源利用	5				
	演讲表达和非语言技巧应用	5				
	团队成员补充配合程度	5				
	时间与完整性	5				
质量评价（40分）	工作完整性	10				
	工作质量	5				
	报告完整性	25				
团队情感（25分）	核心价值观	5				
	创新性	5				
	参与率	5				
	合作性	5				
	劳动态度	5				
安全文明（10分）	工作过程中的安全保障情况	5				
	工具正确使用、保养和放置规范性情况	5				
工作效率（5分）	能够在要求的时间内完成，每超时 5 min 扣 1 分	5				

2. 小组成员素质评价单

学习情境 3	数控火焰切割钢板	任务 2	不规则平面形状切割低碳钢板
班级	第 组	成员姓名	

评分说明	每个小组成员的评分包括自评分和小组其他成员评分两部分,取平均值作为该小组成员最终得分。评分项目共包括以下 5 项。评分时,每人依据评分内容进行合理量化评分。小组成员在进行自评分后,要找小组其他成员以不记名的方式进行评分

评分项目	评分内容	自评分	成员 1 评分	成员 2 评分	成员 3 评分	成员 4 评分	成员 5 评分
核心价值观 (20分)	有无违背社会主义核心价值观的思想及行动						
工作态度 (20分)	是否按时完成所负责的工作且遵守纪律;是否积极主动参与小组工作;是否全过程参与;是否吃苦耐劳;是否具有工匠精神						
交流沟通 (20分)	能否良好地表达自己的观点;能否倾听他人的观点						
团队合作 (20分)	能否与小组成员合作完成任务,并做到互相协作、互相帮助且听从指挥						
创新意识 (20分)	对待问题能否独立思考,提出独到见解;能否创新思维以解决遇到的问题						
小组成员最终得分							

课后反思

学习情境 3	数控火焰切割钢板	任务 2	不规则平面形状切割低碳钢板
班级	第　　组	成员姓名	

情感反思	通过本任务的学习和实训,你认为自己在社会主义核心价值观、职业素养、学习和工作态度等方面有哪些部分需要加强?
知识反思	通过本任务的学习,你掌握了哪些知识点?请画出思维导图。
技能反思	在本任务的学习和实训过程中,你主要掌握了哪些技能?
方法反思	在本任务的学习和实训过程中,你主要掌握了哪些分析问题和解决问题的方法?

【课后习题】

一、选择题

1. 传感环在安装时一般应高出割嘴端部(　　)左右。

A. 20 mm   B. 10 mm   C. 5 mm

2. 切割薄板时必须用(　　)加热火焰。

A. 弱   B. 中   C. 强

3. 一般来说,燃烧速度快、燃烧值高的气体适用于(　　)切割。

A. 薄板   B. 中厚板   C. 厚板

4. 割炬的一般调节范围是(　　)mm。

A. 150   B. 200   C. 250

5. 切割厚度为 25～50mm 的钢板时,乙炔割嘴和钢板之间的距离为(　　)mm。

A. 3～5   B. 4～6   C. 5～7

二、填空题

1. 数控火焰切割机均由_____、_____及_____等3大部分组成。

2. 气路系统包括_____、_____、_____、_____及_____。

3. 机械运行系统由_____、_____、_____、_____等组成。

4. 火焰切割的3个基本要素是_____、_____、_____。

5. 割炬装置由_____和_____组成。

三、简答题

1. 如果割嘴没有火焰出现,则说明点火失败,主要原因是什么?

2. 切割断面的上缘有挂渣产生的原因是什么?

3. 切割断面呈现出大的波纹形状的原因是什么?

4. 数控火焰切割机有哪些特点?

5. 切割断面的割缝从上向下收缩的原因是什么?

学习情境 4 等离子切割钢板

【学习指南】

【情境导入】

等离子切割技术是集计算机技术、等离子切割技术、逆变电源技术于一体的高新技术，它的发展建立在等离子弧特性研究、电力电子技术等学科共同发展的基础之上。随着电力电子和微电子技术的飞速发展，新型器件、先进控制技术和新工艺的不断推出，切割技术得到了突飞猛进的发展。高速、高效、数字化、智能化是现代切割技术的主要发展方向，是实现现代化切割的必由之路。

【学习目标】

知识目标

1. 能够阐述等离子切割的工作原理及特点。
2. 能够概述等离子切割方法的分类。
3. 能够说出等离子切割系统的组成部分及各部分的功能。

能力目标

1. 能够进行等离子切割主要参数的选择。
2. 能够分析等离子切割过程中挂渣的原因及解决方法。
3. 能够掌握等离子切割设备的操作规程。
4. 能够使用等离子切割方法切割不锈钢。

素质目标

1. 培养学生树立成本意识、质量意识、创新意识，养成勇于担当、团队合作的职业素养。
2. 培养学生初步养成工匠精神、劳动精神、劳模精神，达到以劳树德、以劳增智、以劳创新的目的。

【工作任务】

任务 1　调试等离子切割设备　　参考学时:课内 4 学时(课外 4 学时)
任务 2　等离子切割不锈钢板　　参考学时:课内 4 学时(课外 4 学时)

任务1 调试等离子切割设备

【任务工单】

学习情境4	等离子切割钢板		任务1		调试等离子切割设备
任务学时			课内4学时(课外4学时)		
布置任务					
任务目标	1.掌握等离子切割的工作原理及特点。 2.掌握等离子切割系统的组成部分及各部分的功能。 3.掌握等离子切割设备的操作规程				
任务描述	等离子切割技术是集计算机技术、等离子切割技术、逆变电源技术于一体的高新技术,它的发展建立在等离子弧特性研究、电力电子技术等学科共同发展的基础之上。随着电力电子和微电子技术的飞速发展,新型器件、先进控制技术和新工艺的不断推出,切割技术得到了突飞猛进的发展。高速、高效、数字化、智能化是现代切割技术的主要发展方向,是实现现代化切割的必由之路。本任务是对空气等离子切割机进行简单操作				
学时安排	资讯 1学时	计划 0.5学时	决策 0.5学时	实施 1学时	检查 0.5学时	评价 0.5学时
提供资源	典型空气等离子切割机,型号为LGK-60				
对学生的学习过程及学习成果的要求	1.能够在实训前进行安全检查。 2.严格遵守实训基地的各项管理规章制度。 3.根据实训要求能够选择切割的工艺参数。 4.每位同学均能自主学习"课前自学"部分内容,并能完成相应的课后习题。 5.严格遵守课堂纪律;学习态度认真、端正;能够正确评价自己和同学在本任务中的素质表现。 6.每位同学必须积极参与小组工作,承担合理选择工艺参数等工作,做到积极、主动、不推诿,能够与小组成员合作完成工作任务。 7.每位同学均需独立或在小组成员的帮助下完成任务工作单等,并提请教师检查、签认;仔细思考他人提出的建议,及时改正错误。 8.每组必须完成任务工单,并提请教师进行小组评价;小组成员分享小组评价分数或等级。 9.每位同学均需完成"课后反思"部分,以小组为单位提交				

【课前自学】

一、等离子切割的工作原理

等离子割枪采用高速的离子气流熔化母材并吹掉熔融金属而形成切口。切割用等离子气流的速度及强度取决于等离子气体种类、气体压力、电流、喷嘴孔道比及喷嘴至工件的距离等参数。等离子割枪的结构见图4-1。

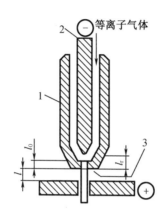

l—割枪与工件间的距离;l_0—压缩喷嘴的孔道长度;l_r—电极内缩距离;

1—压缩喷嘴;2—电极;3—压缩喷嘴孔。

图4-1 等离子割枪的结构

用等离子切割时采用正极性电流,即电极接电源负极。切割金属时采用转移弧,引燃转移弧的方法与割枪有关。割枪分有维弧割枪及无维弧割枪两种,其中,有维弧割枪的电路接线见图4-2,而无维弧割枪的电路无电阻支路,其余与有维弧割枪的电路接线相同。

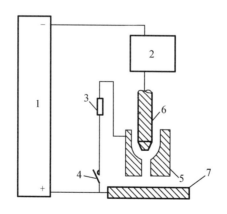

1—电源;2—高频引弧器;3—电阻;4—接触器触点;5—压缩喷嘴;6—电极;7—工件。

图4-2 等离子切割的基本电路

图4-2中电阻的作用是限制维弧电流,即将维弧电流限制在能够顺利引燃转移弧的最低值。有维弧割枪引弧时,高频引弧器用来引燃维弧。此时,接触器触点闭合,高频引弧器

产生高频高压电流并引燃维弧。引燃维弧后,当割枪接近工件时,从喷嘴喷出的高速等离子焰流接触到工件便形成电极至工件间的通路,使电弧转移至电极与工件之间,而一旦建立起转移弧,维弧自动熄灭,接触器触点经一段时间延时后自动断开。

无维弧割枪引弧时,将喷嘴与工件接触,高频引弧器引燃电极与喷嘴之间的非转移弧。非转移弧引燃后,就迅速将割枪提起距工件 3~5 mm,使喷嘴脱离导电通路,此时电弧便转移至电极与工件之间。自动割枪均需采用有维弧结构。60 A 以下手工切割常采用无维弧结构割枪。60 A 以上手工割枪常采用有维弧结构割枪。

除使用高频引弧器外,有的割枪上的电极是可移动的,此类割枪可以使用电极回抽法引弧。引弧时,将割枪上的电极与喷嘴短路后迅速分离,引燃电弧。

二、等离子切割的特点及优缺点

1. 等离子弧的特点

(1)切割速度快,生产率高

它是目前常用的切割方法中切割速度最快的。

(2)切口质量好

等离子切割的切口窄而平整,产生的热影响区和变形都比较小,特别是切割不锈钢时能很快通过敏化温度区间,故不会降低切口处金属的耐蚀性能。切割淬火倾向较大的钢材时,虽然切口处金属的硬度也会升高,甚至会出现裂纹,但由于淬硬层的深度非常小,通过焊接过程可以消除,所以切割边可直接用于装配焊接。

(3)应用面广

由于等离子弧的温度高、能量集中,所以几乎能切割各种金属材料,如不锈钢、铸铁、铝、镁、铜等;在使用非转移型等离子弧时,还能切割非金属材料,如石块、耐火砖、水泥块等。

2. 优点

与机械切割相比,等离子切割具有切割厚度大、切割灵活、装夹工件简单及可以切割曲线等优点。与氧炔焰切割相比,等离子切割具有能量集中、切割变形小及起始切割时不用预热等优点。

3. 缺点

与机械切割相比,等离子切割公差大,切割过程中会产生弧光辐射、烟尘及噪声等公害。与氧炔焰切割相比,等离子切割设备成本高、切割厚度小,此外,切割用电源空载电压高,不仅耗电量大,而且在割枪绝缘不好的情况下易对操作者造成电击。

三、等离子切割方法的分类

等离子切割方法除一般形式外,还有双流(保护)等离子切割、水保护等离子切割、水再压缩等离子切割、空气等离子切割、大电流密度等离子切割及水下等离子切割等。

1. 一般等离子切割

图 4-3(a)为一般等离子切割原理图,图 4-3(b)为典型等离子割枪结构。等离子切割可采用转移型电弧或非转移型电弧。非转移型电弧适宜切割非金属材料。由于工件不接电,电弧挺度差,故非转移型电弧切割金属材料时的切割厚度小,因此切割金属材料时通常采用转移型电弧。一般的等离子切割不用保护气体,工作气体和切割气体从同一喷嘴内喷

出,引弧时喷出小气流等离子气体作为电离介质,切割时则同时喷出大气流等离子气体以排除熔化金属。切割薄金属板材时,可采用微束等离子弧来获得更窄的割口。

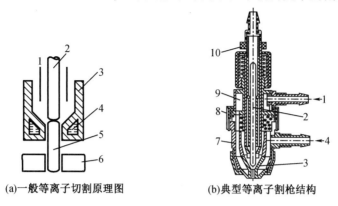

(a)一般等离子切割原理图　　　　　(b)典型等离子割枪结构

1—气体;2—电极;3—喷嘴;4—冷却水;5—电弧;6—工件;7—下枪体;8—绝缘螺母;9—上枪体;10—调整螺母。

图4-3　一般等离子切割的原理及割枪

2. 双流(保护)等离子切割

双流技术要求等离子切割矩带有外部保护气罩,见图4-4。这个喷嘴可以在等离子气体周围提供同轴的辅助保护气体流。保护气体常用氮气、空气、二氧化碳、氩气及氩氢混合气体。这项技术的优点在于辅助的保护气体不仅可以保护等离子气体和切割区,还可以降低和消除切割表面的污染。喷嘴外部有保护气罩,可以防止喷嘴和工件接触时产生双弧,避免损坏喷嘴。

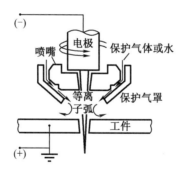

图4-4　双流(保护)等离子切割示意图

切割低碳钢时,双流技术的割速稍高于单气流切割,但在某些应用中难以获得满意的切割质量。切割不锈钢和铝合金时,割速与质量和单气流切割相比差别不大。

当切割质量在冶金性上对切边组织,在物理性能上对挂结瘤,在切割精度上对平行度、垂直度及表面粗糙度有严格要求时,可以使用双流切割技术。

3. 水保护等离子切割

水保护等离子切割是机械化的等离子切割,是双流技术的一种变化。水保护等离子切割是用水来代替喷嘴外层的保护气体。这项技术主要用于切割不锈钢。水冷可以延长割枪喷嘴的使用寿命及改善切割面的外观质量,同时水也可以吸收切割时的粉尘,改善切割环境。但当对切割速度、割边垂直度和沿切割面挂结瘤要求严格时,不建议使用这项技术。

4. 水再压缩等离子切割(注水等离子切割)

水再压缩等离子切割是一种自动切割方法,见图 4-5。一般使用 250～750 A 的电流。所注水流沿电弧周围喷出,喷出水有两种形态:

(1)水沿电弧径向高速喷出。

(2)水以旋涡形式切向喷出并包围电弧。

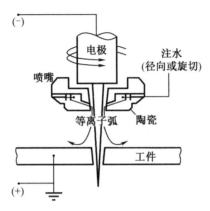

图 4-5　注水等离子切割示意图

注水对电弧造成的收缩比传统方法造成的电弧收缩更大。这项技术的优点在于提高了割口的平行度、垂直度,同时也提高了切割速度,最大限度地减少了结瘤的形成。等离子切割时,由割枪喷出的除工作气体外,还伴随着高速流动的水束,共同迅速地将熔化金属排开。典型割枪见图 4-6。喷出喷嘴的高速水流有两种进水形式。一种为高压水流径向进入喷嘴孔道后再从割枪喷出;另一种为轴向进入喷嘴外围后以环形水流从割枪喷出。这两种形式的原理分别见图 4-6。高压高速水流由一高压水源提供。高压高速水流在割枪中,一方面对喷嘴起冷却作用,一方面对电弧起再压缩作用。图 4-6(a)形式对电弧的再压缩作用较强烈。喷出的水束一部分被电弧蒸发,分解成氧与氢,它们与工作气体共同组成切割气体,使等离子弧具有更高的能量;另一部分未被电弧蒸发、分解,但对电弧有着强烈的冷却作用,使等离子电弧的能量更为集中,因而可增加切割速度。喷出割枪的工作气体采用压缩空气时,为水再压缩空气等离子切割,它利用空气热焓值高的特点,可进一步提高切割速度。

水再压缩等离子切割的水喷溅严重,一般在水槽中进行,工件位于水面下 200 mm 左右。切割时,利用水的特性,可以使切割噪声降低 15 dB 左右,并能吸收切割过程中所形成的强烈弧光、金属粒子、灰尘、烟气、紫外线等,大幅改善了操作者的工作条件。水还能冷却工件,使割口平整和割后工件热变形减小,割口宽度也比等离子切割的割口窄。

水再压缩等离子切割时,由于水的充水冷却以及水中切割时水的静压力,降低了电弧的热能效率,要保持足够的切割效率,在切割电流一定条件下,其切割电压比一般等离子切割电压要高。此外,为消除水的不利因素,必须增加引弧功率、引弧高频电压和设计合适的割枪结构来保证可靠引弧和稳定切割电弧。

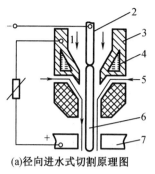

(a)径向进水式切割原理图

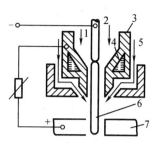

(b)轴向进水式切割原理图

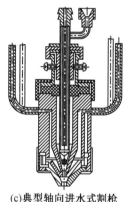

(c)典型轴向进水式割枪

1—气体;2—电极;3—喷嘴;4—冷却水;5—压缩水;6—电弧;7—工件。

图4-6 水再压缩等离子切割原理图及割枪

5. 空气等离子切割

空气等离子切割一般使用压缩空气作为等离子气体,图4-7为空气等离子切割原理图及割枪结构。这种方法切割成本低,气体获取方便。压缩空气在电弧中加热后分解和电离,生成的氧与切割金属产生化学放热反应,加快了切割速度。充分电离了的空气等离子体的热焓值高,因而电弧的能量大,切割速度快。令空气等离子切割电流为70 A。当板材厚度为12 mm时,空气等离子切割速度为氧炔焰切割速度的2倍,而切割厚度为9 mm时,其切割速度是氧炔焰切割速度的3倍。由于切割速度快,人工费相对降低,加之压缩空气价廉易得,空气等离子弧在切割30 mm以下板材时比氧炔焰更具有优势。除切割碳钢外,这种方法也可用于切割铜、不锈钢、铝及其他材料。但是这种方法中的电极易受到强烈的氧化腐蚀,所以一般采用纯锆或纯铪电极。但即使采用锆、铪电极,它的工作寿命一般也只在5~10 h以内。为了进一步提高切割碳钢时的速度和质量,可采用氧气作为等离子气体,但此时电极烧损更严重。为降低电极烧损,也可采用复合式空气等离子切割,其切割原理图见图4-7(b)。这种方法采用内外两层喷嘴,内层喷嘴内通入常用的工作气体,外层喷嘴内通入压缩空气。

6. 大电流密度等离子切割

大电流密度等离子切割是使用空气或氧气作为等离子气体,附有大量保护气体的双流切割技术。其对任何厚度在13 mm以下的金属都可以切割,而且切割面的质量非常好。这项技术使用大电流密度等离子割枪,其使用的电流密度是常规割枪的3~4倍。这种割枪可以产生很大的压缩电弧。用这种割枪切割形成的割口很狭窄,而且在一些应用场合下其切

割形成的割口的质量可以和激光束切割相媲美。

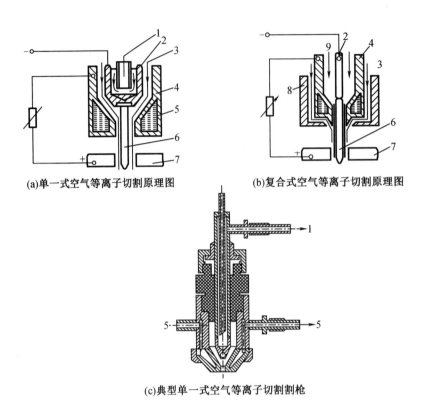

(a)单一式空气等离子切割原理图　　(b)复合式空气等离子切割原理图

(c)典型单一式空气等离子切割割枪

1—电极冷却水；2—电极；3—压缩空气；4—镶嵌式压缩喷嘴；
5—压缩喷嘴冷却水；6—电弧；7—工件；8—外层喷嘴；9—工件气体。

图4-7　空气等离子切割原理图及割枪结构

四、等离子切割系统的构成

等离子切割系统主要由供气装置、电源以及割枪几部分组成。水冷枪还需有冷却循环水装置。图4-8是空气等离子切割系统示意图。

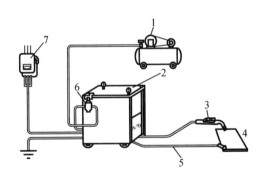

1—压缩空气；2—切割电源；3—割枪；4—工件；5—接工件电缆；6—过滤减压阀；7—电源开关。

图4-8　空气等离子切割系统示意图

1. 供气装置

空气等离子切割的供气装置的主要设备是一台功率大于 1.5 kW 的空气压缩机,切割时所需气体压力为 0.3~0.6 MPa。如选用其他气体,可采用瓶装气体经减压后供切割使用。

2. 电源

等离子切割采用具有陡降或恒流外特性的直流电源。为获得满意的引弧及稳弧效果,电源空载电压一般为切割时电弧电压的 2 倍。常用切割电源空载电压为 l50~400V。

切割用电源有多种类型,最简单的电源是硅整流电源。由于其整流器、前级的变压器是高漏抗式的,所以电源具有陡降外特性。这种电源的输出电流是不可调节的,但有的电源采用抽头式变压器,可用切换开关调节二挡或三挡的输出电流。

目前连续可调节输出电流的常用电源有磁放大器式、晶闸管整流式以及逆变电源,这些电源可将输出电流调节至理想的电流值。其中逆变电源具有高效、体积小及节能等优点。随着大功率半导体器件的商品化,逆变电源将是切割电源的发展方向。

3. 割枪

等离子切割用的割枪大体上与等离子焊接的焊枪相似,只是割枪的压缩喷嘴及电极不一定都采用水冷结构。割枪的具体形式取决于割枪的电流等级,一般 60 A 以下的割枪多采用风冷结构,即利用高压气流对喷嘴和枪体进行冷却并对等离子弧进行压缩。风冷割枪原理图见图4-9。

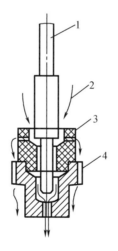

1—电极;2—气流;3—分流器;4—喷嘴。

图4-9 风冷枪原理图

喷嘴是等离子割枪的核心部分。割枪压缩喷嘴的结构尺寸对等离子弧的压缩及稳定有直接影响,并关系到切割能力、割口质量及喷嘴寿命。喷嘴用纯铜制造,因为纯铜的导热性好,便于冷却,易于加工。喷嘴壁厚一般为 2~3 mm,不宜太厚或太薄,壁太厚则水冷效果差,过薄则易于烧毁。大功率等离子切割用的喷嘴可适当增厚些。

电极也是等离子割枪的一个关键部件,其直接影响切割效率、切口质量和经济性。等离子切割一般采用直流正接,也就是说电极(负极)承担着发射电子的功能。因此电极应具备 3 点基本要求:具有足够的电子发射能力;导电、导热性良好;熔点高、耐烧损。等离子切割用电极有笔形和镶嵌结构两种,见图4-10~图4-12。笔形电极的形状有平头和尖头电极两种。尖头电极的前端必须呈圆球形,电极端部不宜太尖或太钝:太尖了,电极易烧损;太钝了,阴极斑点容易漂移,影响切割的稳定性,甚至产生"双弧"而烧坏喷嘴。笔形电极调节和更换方便,材料常采用钨合金,冷却方式为间接水冷或气冷,电极烧损后可对端头修磨后继续使用。镶嵌结构电极由纯铜座和发射电子的电极金属组成。这种电极通常采用直接水冷方式,以减少电极损耗,并可承受较大的工作电流。电极经过一段时间使用后逐渐被烧损,一旦电极材料烧损到某一深度(等于电极块的直径),引弧性能和电弧稳定性就会变差,切割质量恶化,甚至纯铜座也被烧熔,此时的电极就不能继续使用。割枪中的电极可采用纯钨棒、钍钨棒、铈钨棒,也可采用镶嵌式电极。电极材料优先选用铈钨,但在空气等离子切割时,采用镶嵌式锆或铪电极。

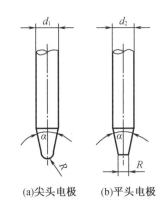

(a)尖头电极　　(b)平头电极

α—喷嘴压缩角;d—电极直径;R—电极前端直径;

图4-10　笔形电极的形状

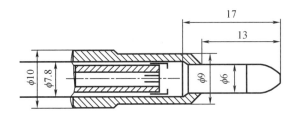

图4-11　直接水冷的笔形电极结构(单位:mm)

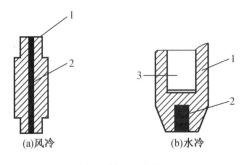

(a)风冷　　　　　(b)水冷

1—铜;2—钨;3—水槽。

图4-12　镶嵌式电极

由于等离子割枪在极高的温度下工作,枪上的零件应被认为是易损件。尤其喷嘴和电极在切割过程中最易损坏,为保证切割质量必须定期进行更换。

等离子割枪按操作方式可分手工割枪及自动割枪。割枪喷嘴至工件间的距离对切割质量有影响。手工割枪的操作因割枪的样式而有所不同,有的手工割枪需操作者保持喷嘴至工件间的距离,此时操作者将专用工具夹具与割枪上的刻度线对齐,见图4-13。若要将割枪角度调节至30°,则要保证两个刻度线对齐,见图4-14。而有的割枪喷嘴至工件间的距离是固定的,此时操作者可以在被割工件上拖着枪进行切割。自动割枪可以安装在行走小车、数控切割设备或机器人上进行自动切割。自动割枪喷嘴至工件间的距离可以控制在所需的数值范围之内,有些自动切割设备在切割过程中可以自动将该距离调节至最佳数值。

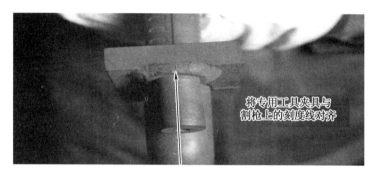

图4-13　割枪安装

图4-14　割枪角度调节30°

4.切割控制

等离子切割过程的控制相对简单,主要有启动、停止控制、联锁控制及切割轨迹控制。

大部分手工切割通过割枪上的触动开关控制操作过程,即压下开关开始切割,松开开关或抬起割枪停止切割。由于大电流割枪中电极距喷嘴较远,因此为了便于引弧,可以改变切割过程中的气流量,在引弧时使用小气流量,以防电弧被吹灭,在电弧引燃后再通入正常的气流量。

切割过程中的联锁控制是为了防止切割时气压不足或冷却水流量不足而损坏割枪。一般使用气电转换开关作为监测气压的传感控制元件。当气压足够时,气电转换开关才能转变开关状态,允许电源输出电流,如在切割过程中气压不足则自动停止输出电流,中断切割。对于水冷割枪需要采用水流开关与控制电路形成联锁控制,在水流不足时禁止启动或自动停止切割。

运动轨迹可变的数控行走设备可用于等离子自动切割,即设备依据预先编制好的程序行走直线或曲线,将板材切割成所需的形状。另外,切割机器人也已用在切割生产之中,使切割自动化程度进一步提高。

等离子切割设备的构成与调试等内容可描二维码了解。

【任务实施】

等离子切割设备的
构成与调试

一、工作准备

1.戴好长筒手套。

2.穿上能遮蔽所有裸露部位的阻燃服装。

3.穿上裤脚无翻边的裤子,以防火花和熔渣的进入。

4.通电开机前应检查机器周围附近、导轨两侧是否有杂物,直径 10 m 范围内不准有易燃物(包括有易燃、易爆气体产生的气体管线),所用的气源、水源、电源是否处于正常的工作状态,保持切割场地的良好通风。

二、工作程序

本任务的设备选择典型空气等离子切割机,型号为 LGK-60。

(1)将切割机后面板的电源输入线(3~380 V INPUT)接入频率为 50 Hz(或 60 Hz)的三相交流电(注:本切割机的电源输入线是四芯电缆,其中一根黄绿双色线为保护接地线,应接地。有关接地方法,按国家有关标准执行),见图 4-15。

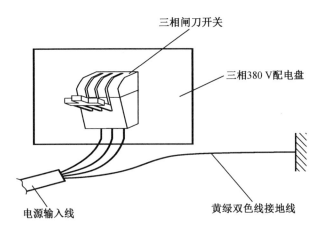

图 4-15　电源输入线的安装

(2)将割枪开关电缆端部的航空插头与前面板上的航空插座连接并拧紧,见图 4-16。

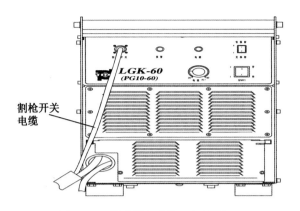

图 4-16 等离子切割机正面面板

（3）拆掉切割机前面掀盖上的两个螺钉，将掀盖掀起，并将割枪电缆和地线电缆带端子的一端从前面板左下方圆孔伸入机内，见图 4-17。

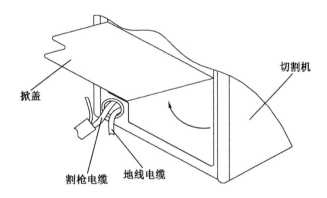

图 4-17 等离子切割机侧面面板

（4）将割枪电缆与正负极支架上有"-"标记的接线端子连接，并用扳手拧紧。再将地线电缆与正负极支架上有"+"标记的接线端子连接，并用扳手拧紧，见图 4-18。

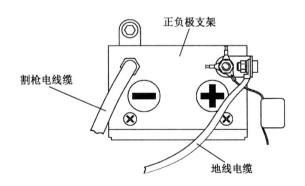

图 4-18 掀开掀盖可见

（5）将掀盖放下，重新安装掀盖与机壳的紧固螺钉。

（6）将压缩空气气管的一端接到切割机后面板"气体入口"处，并用卡箍拧紧，将另一端

和压缩空气气源连接好,见图 4-19。

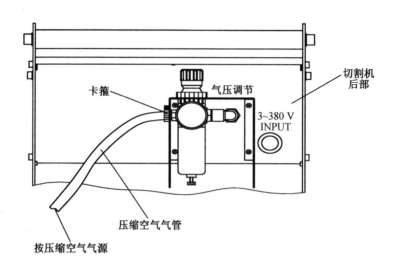

图 4-19　压缩空气气管的安装

（7）按上述步骤完成操作后,将前面板的电源开关置于"ON"的位置,此时风扇转动,面板上的电源指示灯亮,切割机进入待切割状态。调节电流调节电位器,则切割电流在 30～60 A 之间变化。

【调试等离子切割设备工作单】

计划单

学习情境4	等离子切割钢板		任务1	调试等离子切割设备
工作方式	组内讨论,团结协作,共同制订计划。小组成员进行工作讨论,确定工作步骤	计划学时		0.5学时
完成人	1.　　　　2.　　　　3.　　　　4.　　　　5.　　　　6.			

计划依据:1.图纸;2.等离子切割工艺

序号	计划步骤	具体工作内容描述
1	准备工作(准备工具。谁去做?)	
2	组织分工(成立组织。各人员都需要具体完成什么工作?)	
3	制定等离子切割工艺方案(如何切割?)	
4	切割操作(切割前需要准备什么?切割操作中遇到问题时如何解决?)	
5	整理资料(谁负责?整理什么?)	
制订计划说明	(对各人员完成任务提供可借鉴的建议或对计划中的某些方面做出解释。)	

决策单

学习情境 4	等离子切割钢板	任务 1	调试等离子切割设备
决策学时		0.5 学时	

决策目的:等离子切割工艺方案对比分析,比较切割质量、切割时间、切割成本等

工艺方案对比	组号成员	工艺的可行性(加工质量)	切割的合理性(切割时间)	切割的经济性(切割成本)	综合评价
	1				
	2				
	3				
	4				
	5				
	6				
决策评价	结果:(将自己的工艺方案与组内成员的工艺方案进行对比并分析,对自己的工艺方案进行修正并说明修正原因,确定一个最佳方案。)				

检查单

学习情境4	等离子切割钢板		任务1		调试等离子切割设备	
评价学时			课内:0.5学时		第　　　组	
检查目的及方式	教师对小组的工作过程和工作情况进行检查。如检查后等级为不合格,则小组需要进行整改并做出整改说明					

序号	检查项目	检查内容	检查结果分级 (在检查相应的分级框内画"√")				
			优秀	良好	中等	合格	不合格
1	准备工作	资源是否查到;材料是否齐备					
2	分工情况	安排是否合理、全面;分工是否明确					
3	工作态度	小组工作是否积极、主动且全员参与					
4	纪律出勤	是否按时完成所负责的工作内容,遵守工作纪律					
5	团队合作	成员是否互相协作、互相帮助,并听从指挥					
6	创新意识	任务完成过程是否不照搬照抄;看问题是否有独到见解和创新思维					
7	完成效率	工作单记录是否完整;是否按照计划完成任务					
8	完成质量	工作单填写是否准确;工艺是否达标					
检查评语					教师签字:	

任务评价

1. 小组工作评价单

学习情境 4	等离子切割钢板		任务 1	调试等离子切割设备		
评价学时			课内：0.5 学时			
班级：			第　　　组			
考核情境	考核内容及要求	分值/分	小组自评（10%）/分	小组互评（20%）/分	教师评价（70%）/分	实得分（Σ）/分
汇报展示（20分）	演讲资源利用	5				
	演讲表达和非语言技巧应用	5				
	团队成员补充配合程度	5				
	时间与完整性	5				
质量评价（40分）	工作完整性	10				
	工作质量	5				
	报告完整性	25				
团队情感（25分）	核心价值观	5				
	创新性	5				
	参与率	5				
	合作性	5				
	劳动态度	5				
安全文明（10分）	工作过程中的安全保障情况	5				
	工具正确使用、保养和放置规范性情况	5				
工作效率（5分）	能够在要求的时间内完成，每超时 5 min 扣 1 分	5				

2. 小组成员素质评价单

学习情境 4	等离子切割钢板	任务 1	调试等离子切割设备
班级	第 组	成员姓名	
评分说明	每个小组成员的评分包括自评分和小组其他成员评分两部分,取平均值作为该小组成员最终得分。评分项目共包括以下 5 项。评分时,每人依据评分内容进行合理量化评分。小组成员在进行自评分后,要找小组其他成员以不记名的方式进行评分		

评分项目	评分内容	自评分	成员1评分	成员2评分	成员3评分	成员4评分	成员5评分
核心价值观 (20分)	有无违背社会主义核心价值观的思想及行动						
工作态度 (20分)	是否按时完成所负责的工作且遵守纪律;是否积极主动参与小组工作;是否全过程参与;是否吃苦耐劳;是否具有工匠精神						
交流沟通 (20分)	能否良好地表达自己的观点;能否倾听他人的观点						
团队合作 (20分)	能否与小组成员合作完成任务,并做到互相协作、互相帮助且听从指挥						
创新意识 (20分)	对待问题能否独立思考,提出独到见解;能否创新思维以解决遇到的问题						
小组成员最终得分							

课后反思

学习情境 4	等离子切割钢板	任务 1	调试等离子切割设备
班级	第　　组	成员姓名	

情感反思	通过本任务的学习和实训,你认为自己在社会主义核心价值观、职业素养、学习和工作态度等方面有哪些部分需要加强?
知识反思	通过本任务的学习,你掌握了哪些知识点?请画出思维导图。
技能反思	在本任务的学习和实训过程中,你主要掌握了哪些技能?
方法反思	在本任务的学习和实训过程中,你主要掌握了哪些分析问题和解决问题的方法?

任务2　等离子切割不锈钢板

【任务工单】

学习情境4	等离子切割钢板		任务2	等离子切割不锈钢板
任务学时		课内4学时(课外4学时)		
布置任务				
任务目标	1.掌握等离子切割设备的组成部分及各部分的功能。 2.掌握等离子切割设备的操作规程。 3.掌握等离子切割主要参数的选择。 4.能够使用等离子切割方法切割不锈钢			
任务描述	等离子切割技术是集计算机技术、等离子切割技术、逆变电源技术于一体的高新技术。它的发展建立在等离子弧特性研究、电力电子技术等学科共同发展的基础之上。随着电力电子和微电子技术的飞速发展,新型器件、先进控制技术和新工艺的不断推出,切割技术得到了突飞猛进的发展。高速、高效、数字化、智能化是现代切割技术的主要发展方向,也是实现现代化切割的必由之路。本任务是等离子切割厚度为6 mm 的不锈钢板			
学时安排	资讯 1学时	计划 0.5学时	决策 0.5学时	实施 1学时	检查 0.5学时	评价 0.5学时
提供资源	典型空气等离子切割机,型号为 LGK－60,06Cr19Ni10 不锈钢板,试板尺寸为600 mm×150 mm×6 mm,1块			
对学生的学习过程及学习成果的要求	1.能够在实训前进行安全检查。 2.严格遵守实训基地的各项管理规章制度。 3.根据实训要求能够选择切割的工艺参数。 4.每位同学均能自主学习"课前自学"部分内容,并能完成相应的课后习题。 5.严格遵守课堂纪律;学习态度认真、端正;能够正确评价自己和同学在本任务中的素质表现。 6.每位同学必须积极参与小组工作,承担合理选择工艺参数等工作,做到积极、主动、不推诿,能够与小组成员合作完成工作任务。 7.每位同学均需独立或在小组成员的帮助下完成任务工作单等,并提请教师检查、签认;仔细思考他人提出的建议,及时改正错误。 8.每组必须完成任务工单,并提请教师进行小组评价;小组成员分享小组评价分数或等级。 9.每位同学均需完成"课后反思"部分,以小组为单位提交			

【课前自学】

一、等离子切割机切割工艺参数的选择

1. 切割电流

切割电流是最重要的切割工艺参数,直接决定了切割的厚度和速度,即切割能力。造成影响如下:

(1)切割电流增大,电弧能量增加,切割能力提高,切割速度随之增大。

(2)切割电流增大,电弧直径增加,电弧变粗使得切口变宽。

(3)切割电流过大使得喷嘴热负荷增大,喷嘴过早地损伤,切割质量自然也下降,甚至无法进行正常切割。

2. 切割速度

最佳切割速度范围可按照设备说明选定或用试验来确定。由于材料的厚薄度、材质不同,熔点高低,热导率大小以及熔化后的表面张力等因素的影响,切割速度也相应变化。主要表现如下:

(1)切割速度适度地提高能改善切口质量,即切口略有变窄,切口表面更平整,同时可减小变形。

(2)切割速度过快使得切割的线能量低于所需的量值,切缝中的射流不能立即将熔化的切割熔体吹掉而形成较大的后拖量,伴随着切口挂渣,切口表面质量下降。

(3)当切割速度太慢时,由于切割处是等离子弧的阳极,为了维持电弧自身的稳定,阳极斑点或阳极区必然要在离电弧最近的切缝附近找到传导电流,同时会向射流的径向传递更多的热量,因此使切口变宽。切口两侧熔融的材料在底缘聚集并凝固,形成不易清理的挂渣,而且切口上缘因加热熔化过多而形成圆角。

(4)当切割速度极慢时,由于切口过宽,电弧甚至会熄灭。

由此可见,良好的切割质量与切割速度是分不开的。

3. 电弧电压

一般认为电源正常输出电压即为切割电压。等离子切割机通常有较高的空载电压和工作电压,在使用电离能高的气体如氮气、氢气或空气时,稳定等离子弧所需的电压会更高。当电流一定时,电压的提高意味着电弧焓值的提高和切割能力的提高。如果在焓值提高的同时,减小射流的直径并加大气体的流速,往往可以获得更快的切割速度和更好的切割质量。

4. 喷嘴高度

喷嘴高度指喷嘴端面与切割表面之间的距离,它构成了整个弧长的一部分。由于等离子切割一般使用恒流或陡降外特征的电源,因此在喷嘴高度增加后,电流变化很小,但会使弧长增长并导致电弧电压增大,从而使电弧功率提高,同时也会使暴露在环境中的弧长增长,弧柱损失的能量增多。在上述两个因素综合作用的情况下,前者的作用往往完全被后者抵消,反而会使有效的切割能量减小,致使切割能力降低。

等离子切割工艺参数的选择等内容可扫描二维码了解。

等离子切割工艺
参数的选择

二、挂渣产生原因及解决方法

挂渣就是没有完全从割缝中吹掉的被切割材料,是等离子切割过程中常见的缺陷,其表现形式及解决措施如下:

1. 高速挂渣

表现:小硬珠状,见图4-20。

图4-20　高速挂渣

产生原因:

(1)割嘴损坏。

(2)电流过小。

(3)切割速度过快。

(4)切割高度偏高。

解决措施:

(1)更换割嘴。

(2)使用更大规格的割嘴。

(3)降低切割速度。

(4)降低弧压。

2. 低速挂渣

表现:大泡状,集结于割缝底部,见图4-21。

图4-21　低速挂渣

产生原因:

(1)电流过大。

(2)切割速度过慢。

(3)切割高度偏低。

解决措施:

(1)使用更小规格的割嘴。

(2)提高切割速度。

(3)调高弧压。

3. 速度合适时的切割表面,见图4-22。

图 4-22　速度合适时的切割表面

【国之利器】

"长征一号"运载火箭研制历程

"长征一号"运载火箭(代号"CZ-l")是为发射我国第一颗人造地球卫星"东方红一号"而研制的。整个研制工作于 1965 年全面铺开。参加研究、设计、生产和试验的单位有 500 多个,成千上万的科技人员、工人、干部和解放军指战员都为能亲身参加这项光荣的工作而自豪。

1970 年 4 月 24 日,"长征一号"首次发射我国第一颗人造地球卫星"东方红一号",一举成功;1971 年 3 月 3 日,又成功地发射了"实践一号"科学实验卫星。至此,我国拥有了可将 300 kg 的卫星射入倾角为 70°、高度为 440 km 的圆轨道的运载能力。

"长征一号"是一枚三级火箭,第一、二级是两级液体燃料火箭,第三级采用固体燃料火箭发动机。火箭起飞质量为 81.5 t,起飞推力为 104 t(1 tf=9 800 N),箭长 29.46 m,最大直径为 2.25 m。

研制目标明确了,也有了实现这个目标的总体规划和总体方案,怎样才能保证这个目标和方案如期实现呢?要解决的是新材料、新器件和特种加工工艺问题,这是实现设计方案的基础。

为研制性能好的火箭,在"长征一号"上广泛采用新的加工工艺。通过设计、工艺人员和工人三结合攻关,在火箭结构和发动机生产中,采用了爆炸成型、钨极脉冲氩弧焊、单面氩(氦)弧焊、超薄板氩弧焊、真空电子束焊、超声波点焊、爆炸焊、微束等离子焊、等离子高温喷涂、等离子切割、强力旋压、化学铣切、不锈钢波纹管变薄拉伸、高精度检漏、玻璃钢成型等新工艺。这些扎实的基础攻关工作,为我国依靠自己的力量研制出"长征一号"创造了条件,也推动了我国有关加工制造行业的技术进步和改进。

【任务实施】

一、工作准备

1.试板

采用06Cr19Ni10不锈钢板,试板尺寸为600 mm×150 mm×6 mm,1块。清理试板中间的油、锈及其他污物以便调试等离子切割设备时利于切割。

2.等离子切割设备

(1)检查外接电源准确无误。

(2)检查工件地线已夹持在工件上。

(3)检查电源开关在断位。

(4)闭合电网供电总开关,此时风扇开始工作,注意检查风向,风应该朝里吹,否则主变压器会因得不到通风冷却而缩短工作时间。

3.工具

手套、大力钳及簸箕等切割过程中所需的工具。

二、工作程序

(1)按照本学习情境的任务1中的方法完成电路和气路连接。

(2)将过滤器中的水排尽,见图4-23。

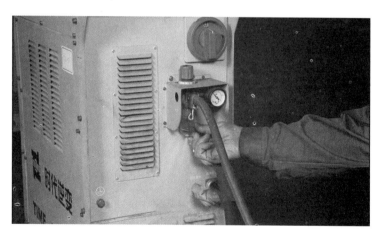

图4-23　将过滤器中的水排尽

(3)调节电流调节电位器至一合适的电流值。

(4)调节后面板上的空气过滤调压阀,将气压调至一合适的压力值。气压和切割电流的配比关系见表4-1。顺时针转动调压阀,压力增大,见图4-24;逆时针转动调压阀,压力减小,见图4-25。

表 4-1　气压和切割电流的配比关系

项目	内容			
切割电流/A	30~35	35~40	40~50	50~60
气压/MPa	0.2	0.3	0.4	0.5

图 4-24　顺时针转动调压阀,压力增大

图 4-25　逆时针转动调压阀,压力减小

(5)转动红色按钮,使前面板上的电源开关处在"ON"的位置,开启机器,见图4-26。此时切割机开始工作,风扇转动。压力指示灯亮,表明气压正常。

(6)将地线夹和切割工件夹好,见图4-27。令割枪喷嘴和工件接触,按动割枪开关,割枪上黄色按钮为防误触开关,见图4-28;红色按钮为开关按钮,见图4-29。此时高频产生,电弧引燃,压缩空气从喷嘴中喷出,可移动割枪开始切割。

(7)当切割机前面板的保持开关位于"无保持"位置时,引弧后即进入切割状态,见图4-30。松开割枪开关则无电压输出,切割停止,压缩空气延时关断。当保持开关位于"有保持"位置时,引弧后即进入切割状态。松开割枪开关可继续保持切割状态,直到拉断电弧无切割电流时才无电压输出,切割停止,压缩空气延时关断。

图 4-26　转动红色按钮,开启机器

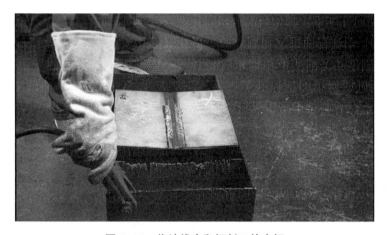

图 4-27　将地线夹和切割工件夹好

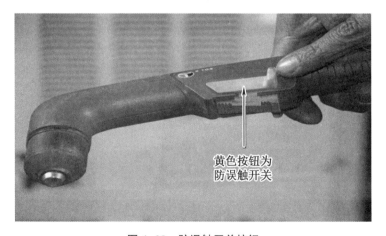

黄色按钮为
防误触开关

图 4-28　防误触开关按钮

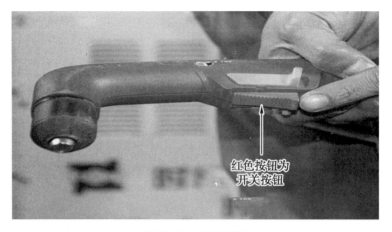

红色按钮为
开关按钮

图 4-29　开关按钮

图 4-30　切割机面板

（8）如引弧成功率不高，可从以下几个方面解决：

①将地线钳和工件夹紧并使之接触良好。

②引弧时，将割枪喷嘴贴紧工件。

③如电极烧损严重，更换电极。

④拧紧割枪的气体保护罩。

（9）切割工件全部结束后，切断电源开关和气源阀。

【等离子切割不锈钢板工作单】

计划单

学习情境4	等离子切割钢板	任务2	等离子切割不锈钢板
工作方式	组内讨论,团结协作,共同制订计划。小组成员进行工作讨论,确定工作步骤	计划学时	0.5学时
完成人	1.　　　　2.　　　　3.　　　　4.　　　　5.　　　　6.		

计划依据:1.图纸;2.等离子切割工艺

序号	计划步骤	具体工作内容描述
1	准备工作(准备工具。谁去做?)	
2	组织分工(成立组织。各人员都需要具体完成什么工作?)	
3	制定等离子切割工艺方案(如何切割?)	
4	切割操作(切割前需要准备什么?切割操作中遇到问题时如何解决?)	
5	整理资料(谁负责?整理什么?)	
制订计划说明	(对各人员完成任务提供可借鉴的建议或对计划中的某些方面做出解释。)	

决策单

学习情境 4	等离子切割钢板	任务 2	等离子切割不锈钢板
决策学时			0.5 学时

决策目的:等离子切割工艺方案对比分析,比较切割质量、切割时间、切割成本等

	组号 成员	工艺的可行性 (切割质量)	切割的合理性 (切割时间)	切割的经济性 (切割成本)	综合评价
工艺方案对比	1				
	2				
	3				
	4				
	5				
	6				
决策评价	结果:(将自己的工艺方案与组内成员的工艺方案进行对比并分析,对自己的工艺方案进行修正并说明修正原因,确定一个最佳方案。)				

检查单

学习情境 4	等离子切割钢板	任务 2	等离子切割不锈钢板
评价学时		课内:0.5 学时	第　　组

检查目的及方式	教师对小组的工作过程和工作情况进行检查。如检查后等级为不合格,则小组需要进行整改并做出整改说明

序号	检查项目	检查内容	检查结果分级（在检查相应的分级框内画"√"）				
			优秀	良好	中等	合格	不合格
1	准备工作	资源是否查到;材料是否齐备					
2	分工情况	安排是否合理、全面;分工是否明确					
3	工作态度	小组工作是否积极、主动且全员参与					
4	纪律出勤	是否按时完成所负责的工作内容,遵守工作纪律					
5	团队合作	成员是否互相协作、互相帮助,并听从指挥					
6	创新意识	任务完成过程是否不照搬照抄;看问题是否有独到见解和创新思维					
7	完成效率	工作单记录是否完整;是否按照计划完成任务					
8	完成质量	工作单填写是否准确;工艺是否达标					
检查评语						教师签字:	

任务评价

1. 小组工作评价单

学习情境 4	等离子切割钢板		任务 2	等离子切割不锈钢板	
评价学时			课内：0.5 学时		
班级：			第　　　组		
考核情境	考核内容及要求	分值/分	小组自评(10%)/分	小组互评(20%)/分	教师评价(70%)/分	实得分(Σ)/分
汇报展示(20分)	演讲资源利用	5				
	演讲表达和非语言技巧应用	5				
	团队成员补充配合程度	5				
	时间与完整性	5				
质量评价(40分)	工作完整性	10				
	工作质量	5				
	报告完整性	25				
团队情感(25分)	核心价值观	5				
	创新性	5				
	参与率	5				
	合作性	5				
	劳动态度	5				
安全文明(10分)	工作过程中的安全保障情况	5				
	工具正确使用、保养和放置规范性情况	5				
工作效率(5分)	能够在要求的时间内完成，每超时 5 min 扣 1 分	5				

2. 小组成员素质评价单

学习情境 4	等离子切割钢板		任务 2	等离子切割不锈钢板
班级		第　　组	成员姓名	
评分说明	每个小组成员的评分包括自评分和小组其他成员评分两部分,取平均值作为该小组成员最终得分。评分项目共包括以下 5 项。评分时,每人依据评分内容进行合理量化评分。小组成员在进行自评分后,要找小组其他成员以不记名的方式进行评分			

评分项目	评分内容	自评分	成员 1 评分	成员 2 评分	成员 3 评分	成员 4 评分	成员 5 评分
核心价值观 (20分)	有无违背社会主义核心价值观的思想及行动						
工作态度 (20分)	是否按时完成所负责的工作且遵守纪律;是否积极主动参与小组工作;是否全过程参与;是否吃苦耐劳;是否具有工匠精神						
交流沟通 (20分)	能否良好地表达自己的观点;能否倾听他人的观点						
团队合作 (20分)	能否与小组成员合作完成任务,并做到互相协作、互相帮助且听从指挥						
创新意识 (20分)	对待问题能否独立思考,提出独到见解;能否创新思维以解决遇到的问题						
小组成员最终得分							

热切割技术 >>>

课后反思

学习情境 4	等离子切割钢板	任务 2	等离子切割不锈钢板
班级	第　　组	成员姓名	

情感反思	通过本任务的学习和实训,你认为自己在社会主义核心价值观、职业素养、学习和工作态度等方面有哪些部分需要加强?
知识反思	通过本任务的学习,你掌握了哪些知识点?请画出思维导图。
技能反思	在本任务的学习和实训过程中,你主要掌握了哪些技能?
方法反思	在本任务的学习和实训过程中,你主要掌握了哪些分析问题和解决问题的方法?

【课后习题】

一、选择题

1. 等离子切割时采用(　　)电流,即电极接电源负极。

A. 正极性　　　　　　　　B. 负极性

2. (　　)以下手工切割常采用无维弧结构割枪。

A. 40 A　　　　　　　　B. 50 A　　　　　　　　C. 60 A

3. 切割电流增大,电弧能量增加,切割能力提高,切割速度是随之(　　)。

A. 增大　　　　　　　　B. 减小　　　　　　　　C. 不变

4. 注水等离子切割是一种自动切割方法,一般使用(　　)的电流。

A. 250~500 A　　　　　　B. 500~750 A　　　　　　C. 250~750 A

5. 水再压缩等离子切割一般在水槽中进行,工件位于水面下(　　)mm 左右。

A. 100　　　　　　　　B. 150　　　　　　　　C. 200

二、填空题

1. 等离子切割方法除一般形式外,派生出的形式还有双流(保护)等离子切割、_____等离子切割、_____等离子切割、_____等离子切割及_____等离子切割等。

2. 等离子切割系统主要由_____、_____以及_____几部分组成,水冷枪还须有_____装置。

3. 等离子割枪按操作方式可分_____及_____。

4. 大电流密度等离子切割是使用_____或_____作为等离子气体。

5. 等离子切割过程的控制相对简单,主要有_____、_____、_____及_____。

三、简答题

1. 等离子切割有哪些特点?

2. 等离子切割机的切割工艺参数有哪些?

3. 等离子切割的优点是什么?

4. 等离子切割的缺点是什么?

5. 等离子切割低速挂渣的产生原因是什么,如何解决?

学习情境 5　炭 弧 气 刨

【学习指南】

【情境导入】

　　炭弧气刨是在焊接过程中经常使用的一种加工方法。一般认为如果在奥氏体不锈钢中使用炭弧气刨,会使焊缝和近缝区产生增碳现象,从而降低焊缝的抗腐蚀性能,所以传统工艺常常是采用风铲或其他机械方法对焊根进行清除处理。近年来,随着工艺手段的日趋成熟,传统观念已经有所转变,炭弧气刨以其高效率、低消耗、噪音小等优点,在奥氏体不锈钢焊接中已逐渐得到应用。

【学习目标】

知识目标

1. 能够阐述炭弧气刨的原理及应用范围。
2. 能够分析常见的炭弧气刨的缺陷和预防措施。
3. 能够说出不锈钢炭弧气刨的工艺参数。

能力目标

1. 掌握炭弧气刨的操作技术及安全防护。
2. 能够编制不锈钢的炭弧气刨工艺。
3. 能够编制碳素钢的炭弧气刨工艺。
4. 能够编制低合金钢的炭弧气刨工艺。
5. 能够编制铸铁的炭弧气刨工艺。

素质目标

1. 培养学生树立成本意识、质量意识、创新意识,养成勇于担当、团队合作的职业素养。
2. 培养学生初步养成工匠精神、劳动精神、劳模精神,达到以劳树德、以劳增智、以劳创新的目的。

【工作任务】

任务 1　炭弧气刨不锈钢板　　　　　　　参考学时:课内 4 学时(课外 4 学时)
任务 2　炭弧气刨碳素钢、低合金钢和铸铁　参考学时:课内 4 学时(课外 4 学时)

任务1 炭弧气刨不锈钢板

【任务工单】

学习情境 5	炭弧气刨		任务 1	炭弧气刨不锈钢板	
任务学时			课内 4 学时（课外 4 学时）		
布置任务					
任务目标	1.掌握炭弧气刨的操作技术及安全防护。 2.掌握不锈钢炭弧气刨的工艺参数。 3.能够编制不锈钢炭弧气刨工艺				
任务描述	炭弧气刨是在焊接过程中经常使用的一种加工方法。近年来，随着工艺手段的日趋成熟，传统观念已经有所转变，炭弧气刨以其高效率、低消耗、噪音小等优点，在奥氏体不锈钢焊接中已逐渐得到应用。本任务是对材质为0Cr19Ni9，筒体壁厚为12 mm，封头壁厚为14 mm 的容器开坡口				
学时安排	资讯 1 学时	计划 0.5 学时	决策 0.5 学时	实施 1 学时	检查 0.5 学时	评价 0.5 学时
提供资源	多用直流炭弧气刨割焊机、钳式侧面送风式炭弧气刨枪、炭棒、压缩空气、手套、护目镜、钢丝刷等工具，某钢制容器，圆筒体，壁厚为 12 mm，封头壁厚为 14 mm，材质为 0Cr19Ni9				
对学生的学习过程及学习成果的要求	1.能够在实训前进行安全检查。 2.严格遵守实训基地的各项管理规章制度。 3.根据实训要求能够选择切割的工艺参数。 4.每位同学均能自主学习"课前自学"部分内容，并能完成相应的课后习题。 5.严格遵守课堂纪律;学习态度认真、端正;能够正确评价自己和同学在本任务中的素质表现。 6.每位同学必须积极参与小组工作，承担合理选择工艺参数等工作，做到积极、主动、不推诿，能够与小组成员合作完成工作任务。 7.每位同学均需独立或在小组成员的帮助下完成任务工作单等，并提请教师检查、签认;仔细思考他人提出的建议，及时改正错误。 8.每组必须完成任务工单，并提请教师进行小组评价;小组成员分享小组评价分数或等级。 9.每位同学均需完成"课后反思"部分，以小组为单位提交				

【课前自学】

一、炭弧气刨的原理

炭弧气刨是利用特制的炭棒与工件之间产生的高温电弧,迅速将工件局部加热,使之熔化成液体金属,同时利用沿炭棒喷出的压缩空气将这些液体金属吹走,如此碳极(炭棒)不断向前移动,被高温电弧熔化的金属不断被吹走,从而在被加工的工件表面上刨出一条沟槽或将工件分开的一种工艺方法。图5-1给出了炭弧气刨示意图。

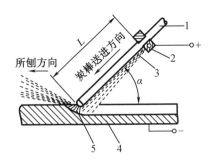

1—炭棒;2—气刨枪夹头;3—压缩空气;4—工件;5—电弧。

图5-1　炭弧气刨示意

炭弧气刨可以使用直流电,也可以使用交流电。交流炭弧气刨工艺设备比较简单,刨成的槽道底部扩展成U形,有利于随后的焊接施工。另外,它也能顺利地刨削铸铁。但交流电炭弧气刨的刨削效率比直流电炭弧气刨低(据国外经验,交流电炭弧气刨的刨削效率比直流电炭弧气刨低50%),还存在槽道内易残留碳的缺点。而直流电炭弧气刨具有电弧稳定的优点,其在生产中主要用来刨槽、消除焊缝缺陷和背面清根。所以,炭弧气刨加工主要还是使用直流电。

炭弧气刨的原理、分类及特点等内容可扫描二维码了解。

二、炭弧气刨的分类及特点

根据使用的装置,炭弧气刨可分为手工炭弧气刨、自动炭弧气刨、半自动炭弧气刨、炭弧水气刨等。其中手工炭弧气刨及自动炭弧气刨是最常用的。

炭弧气刨的原理、
分类及特点

炭弧气刨的特点如下:

(1)生产效率高。相比于风铲,炭弧气刨的生产效率高3倍左右,尤其是在全位置时优越性更高,可降低工件的加工费用。

(2)改善了劳动条件,降低了劳动强度。相对于风铲,炭弧气刨的劳动强度明显降低,噪声也较低。

(3)操作较为简单。工人稍加培训即能从事操作,易于推广应用。

(4)质量好。在清除焊缝或铸件缺陷时,容易发现各种细小的缺陷,有利于后续焊接质量的提高。

（5）灵活性高，使用方便。炭弧气刨的手把小，即使在狭窄部位，也能方便操作。

（6）能切割的材料种类多。由于炭弧是利用高温而不是利用氧化作用刨削金属，因此其不但适用于黑色金属，还适用于用氧气切割法不能或难以切割的金属，如铸铁、不锈钢和铜等材料。其比较适合在无等离子切割设备的场合使用。

（7）设备简单，使用成本低，操作安全。

（8）若操作不当，易使槽道增碳。炭弧有烟雾、粉尘等污染物及弧光，操作者在狭小的空间内及通风不良处操作时，应配备相应的通风设备。

三、炭弧气刨的应用范围

炭弧气刨由于具有效率高、劳动强度低等优点而被广泛应用在造船、机械制造、锅炉、金属结构制造等部门，成为生产中的一种重要的工艺技术手段。其主要用途如下：

（1）焊缝清根和背面开槽。

（2）刨除焊缝或钢材中的缺陷。

（3）开焊接坡口，特别是 U 形坡口。

（4）刨除焊缝余高。

（5）切割铸件的浇口、冒口、飞边、毛刺等。

（6）刨削铸件表面或内部的缺陷。

（7）在无等离子切割设备的场合，切割不锈钢、铜及铜合金等。

（8）在板材上开孔。

图 5-2 给出了炭弧气刨的应用实例。

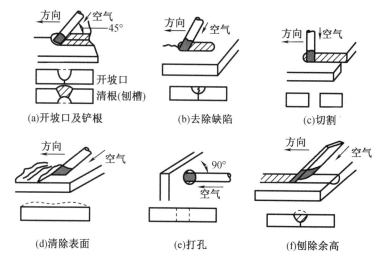

图 5-2　炭弧气刨的应用实例

四、炭弧气刨装置

炭弧气刨装置主要由电源、炭弧气刨枪、炭棒、压缩空气源、电缆、压缩空气管等组成。炭弧气刨装置示意图见图 5-3。自动炭弧气刨装置还配有自行式小车、导轨以及控制装置。

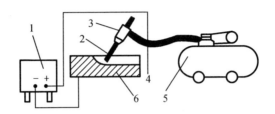

1—电源；2—炭棒；3—炭弧气刨枪；4—电缆及压缩空气管；5—空气压缩机；6—工件。

图 5-3　炭弧气刨装置示意图

1. 电源

炭弧气刨一般采用具有陡降特性以及良好的动特性的手工直流电源。由于炭弧气刨使用的电流往往比较大，且连续工作时间较长，因此，应选用功率较大的焊机，如 AXI-500、ZX5-500 等。当选用硅整流弧焊机时，应注意防止过载，以保证设备的使用安全。

工频交流焊接电源电流过零时间较长，会引起电弧不稳定，因此不推荐将其作为炭弧气刨电源。但近年来研制成功的交流方波焊接电源，尤其是逆变式交流方波焊接电源的过零时间短，且动态特性和控制性能优良，可应用于炭弧气刨。

2. 炭弧气刨枪

炭弧气刨枪是炭弧气刨的主要工具。按压缩空气喷射方式，炭弧气刨枪主要分为侧面送风式和圆周送风式两种，另外还有一种外加喷水的水雾式炭弧气刨枪。其中，生产中经常使用的是侧面送风式及圆周送风式。

（1）侧面送风式炭弧气刨枪

侧面送风式炭弧气刨枪是压缩空气沿炭棒下部喷出并吹向电弧后部的一种炭弧气刨枪，下面介绍两种主要的侧面送风式炭弧气刨枪：钳式侧面送风式炭弧气刨枪和旋转式侧面送风式气刨枪。

①钳式侧面送风式炭弧气刨枪。钳式侧面送风式炭弧气刨枪的结构见图 5-4。与电弧焊焊把类似，用钳口夹持炭棒。在钳口的下颚处装有一个既供导电又可送进压缩空气的铜质钳头。压缩空气从钳头上的小孔（该刨枪钳头上只有 2 个小孔）中喷出并集中吹在炭棒电弧的后侧。

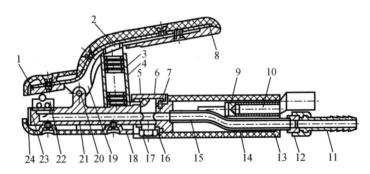

1—上钳口；2—凸座；3—弹簧；4—保护套管；5—平头螺钉；6—旋塞；7—定位销；8—绝缘套；9—导电杆；10—电缆接头；
11—风管接头；12—风管螺母；13—加固环；14—手把；15—风管；16—垫圈；17—螺母；18—下钳把护套；19—上钳把；
20—销钉；21—下钳把；22—钳头；23—平头螺钉；24—钳口紧固板。

图 5-4　钳式侧面送风式炭弧气刨枪的结构

这种炭弧气刨枪特点是：

a. 结构较简单。

b. 压缩空气始终吹到熔化的铁水上，炭棒前后的金属不受压缩空气的冷却。

c. 炭棒伸出长度调节方便，圆形及扁形炭棒均能使用。

它的缺点是：

a. 操作不灵活，只能向左或向右单一方向进行气刨。

b. 压缩空气喷孔只有 2 个，喷射面不够宽，影响刨削效率。

针对上述两个缺点，有的炭弧气刨枪把钳头喷气孔小孔由 2 个增至 3 个，并将小孔按扇形排列[图 5-5(a)]，扩大了送风范围，提高了刨削效率。有的把钳头的喷气孔增至 7 个[图 5-5(b)]，专门用于矩形炭棒，而且在下部加了一个转动轴，这样可以改变钳口方向，提高了操作灵活性。

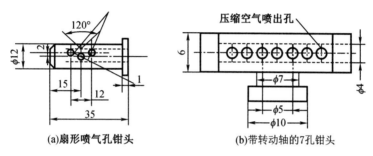

(a)扇形喷气孔钳头   (b)带转动轴的7孔钳头

图 5-5　改进钳头(单位：mm)

②旋转式侧面送风式炭弧气刨枪。图 5-6 给出了旋转式侧面送风式炭弧气刨枪结构。

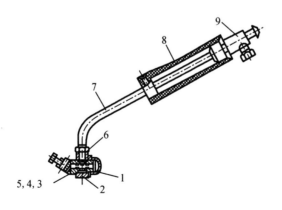

1—锁紧螺母；2—连接套；3—喷嘴(Ⅰ)；4—喷嘴(Ⅱ)；5—喷嘴(Ⅲ)；6—螺母；7—枪杆；8—手柄；9—气电接头。

图 5-6　旋转式侧面送风式炭弧气刨枪简图

其特点如下：

a. 操作性好。对不同尺寸的圆形炭棒或矩形炭棒备有相应的黄铜喷嘴，喷嘴在连接套中可做 360°回转。连接套与主体采用螺纹连接，并可做适当转动，因此气刨枪头可按工作需要转到所需位置。

b. 炭弧气刨枪的主体及气电接头都用绝缘壳保护。

c.轻巧,加工制造方便。

(2)圆周送风式炭弧气刨枪

图5-7给出了78-Ⅰ圆周送风式炭弧气刨枪的结构。同侧面送风式炭弧气刨枪不同,该炭弧气刨枪的压缩空气沿炭棒四周喷出,这样既能均匀冷却炭棒,对电弧有一定的压缩作用,又能使熔渣沿刨槽的两侧排出,槽的前端不堆积熔渣,便于操作者看清刨削位置。这种刨枪是目前应用较多的一种炭弧气刨枪。

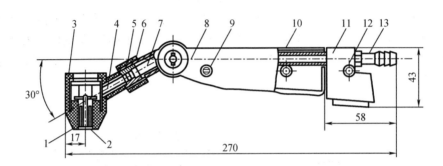

1—绝缘喷嘴;2—炭棒弹性夹心;3—腔体;4—下枪体连接件;5—连接螺钉;6—玻璃纤维嵌铜芯螺母;

7—上枪体连接件;8—手柄;9—平头螺钉;10—进气管;11—电缆接头;12—固定螺钉;13—进气管接头。

图5-7　78-Ⅰ型圆周送风式炭弧气刨枪的结构(单位:mm)

其特点如下:

①结构紧凑、质量小、绝缘好、送风量大。

②操作灵活。枪头可任意转向,能满足在各种空间位置操作的需要。

③适用性广。配有各种规格的炭棒夹头,既可使用圆形炭棒,也可使用矩形炭棒。

(3)水雾炭弧气刨枪

水雾炭弧气刨枪是在炭棒周围同时喷洒压缩空气和经充分雾化的水珠的一种气刨枪。其结构见图5-8。它是在一般炭弧气刨枪的枪体上加装喷水装置构成的,可利用压缩空气使水雾化。其优点如下:

①能够改善操作环境,这是因为水雾能吸收金属粉尘和炭尘;

②能够减少炭棒消耗,这是因为水雾具有压缩电弧、提高电弧温度和冷却炭棒的作用,从而减少炭棒的消耗。

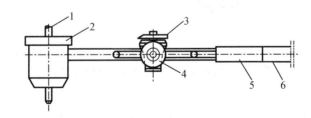

1—炭棒;2—喷嘴体;3—压缩空气调节阀;4—水量调节阀;5—手柄;6—水、电、气汇集接头。

图5-8　水雾炭弧气刨枪的结构

（4）半自动炭弧气刨枪

半自动炭弧气刨枪的结构见图5-9。它配有自动送棒机构,见图5-10,因而在操作过程中可以自动送给炭棒。半自动炭弧气刨枪采用圆周送风式结构,其头部构造与圆周送风式气刨枪相同。

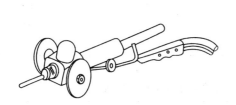

图 5-9 半自动炭弧气刨枪的结构

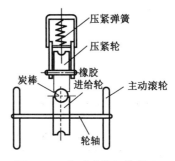

图 5-10 自动送棒机构原理

在使用半自动炭弧气刨枪时,为了使炭弧气刨过程稳定持续的进行,必须注意要使炭棒的进给速度与其消耗速度相等。炭棒的进给速度同主动轮与进给轮直径之比有关,炭棒的消耗速度同炭棒直径和电流大小有关。两者匹配的方法是:在炭棒直径一定或规格较接近时,利用调节压紧弹簧的压力来调整送棒速度;当使用炭棒的规格相差较大时则更换进给轮的尺寸。半自动炭弧气刨枪备有3种规格的进给轮:一种可用于 $\phi4$、$\phi5$ 和 $\phi6$ 炭棒,一种可以用于 $\phi7$ 和 $\phi8$ 炭棒,还有一种可以用于 $\phi9$ 和 $\phi10$ 炭棒。

半自动炭弧气刨枪的特点是:

①能获得平整光滑的刨槽,刨槽质量好。

②生产效率高,劳动强度低。

③特别适用于长的平直焊缝的背面刨槽。

3. 炭棒

炭棒是易耗品。炭弧气刨用的炭棒由石墨、炭粉和黏结剂混合后经压制成形,然后经石墨化处理并在表面镀铜,镀铜层的厚度为 0.3~0.4 mm。炭棒的质量和规格由相关国家标准规定。

（1）圆形炭棒和矩形炭棒

常用的炭棒有圆形炭棒和矩形炭棒两种,见图5-11、图5-12。圆形炭棒主要用于焊缝的清根、背面开槽及清除焊接缺陷等。矩形炭棒则用于刨除构件上残留的临时焊道和焊疤、消除焊缝的余高和焊瘤以及炭弧切割等。表5-1列出各种炭棒的型号和规格,表5-2、表5-3分别给出了圆形炭棒和矩形炭棒的额定工作电流。

图 5-11 圆形炭棒

图 5-12 矩形炭棒

表 5-1 炭棒的型号和规格（JB/T 8154—2006）

型号	截面形状	尺寸/mm		
		直径	截面面积	长度
B 504～B 516	圆形	4～16	—	305 355
BL 508～BL 525	圆形	8～25	—	355,430,510
B 5412～B 5620	矩形	—	4×12　5×10 5×12　5×15 5×18　5×20 5×25　6×20	305 355

表 5-2 圆形炭棒的额定工作电流（JB/T 8154—2006）

项目	内容							
圆形炭棒规格/mm	5	6	7	8	9	10	12	14
额定电流/A	225	325	350	400	500	600	850	1 000

注：操作时的实际电流不超过额定值的±10%；空气压力为 0.5～0.6MPa。

表 5-3 矩形炭棒的额定工作电流（JB/T 8154—2006）

项目	内容							
矩形炭棒规格/mm	4×12	5×10	5×12	5×15	5×18	5×20	5×25	6×20
额定电流/A	200	250	300	350	400	450	500	600

表 5-4 部分炭弧气刨用炭棒的型号和规格

截面形状	型号	适用电流/A	截面形状	型号	适用电流/A
直流圆形炭棒 （长度:355 mm、 305 mm、430 mm）	B 504	150～200	直流矩形炭棒 （长度:355 mm）	B 5412	200～250
	B 505	200～250		B 5512	300～350
	B 506	300～350		B 5518	400～450
	B 507	350～400		B 5520	450～500
	B 508	400～450		B 5525	500～550
	B 509	450～500	直流圆形 空心炭棒 （长度:355 mm）	B 507K	300～350
	B 510	500～550		B 508K	350～400
	B 511	550～600		B 509K	400～450
	B 512	800～900		B 510K	450～500
交流圆形 有芯炭棒 （长度:230 mm）	B 506J	250～300	直流连接 圆形炭棒 （长度:350 mm、 430 mm）	B 510L	400～450
	B 507J	300～350		B 513L	800～900
	B 508J	350～400		B 516L	900～1000
	B 509J	400～450		B 519L	1100～1300
	B 510J	450～500		B 525L	1600～1800

（2）特种炭棒

为满足各种刨削工艺的需要,除圆形及矩形炭棒外,还开发了一些特种炭棒。

①管状炭棒。这种炭棒用于使槽道底部的扩宽,见图5-13(a)。

②多角形炭棒。这种炭棒用于一次刨削欲获得较宽或较深的槽道,见图5-13(b)。

③自动炭弧气刨用炭棒。这种炭棒的前端呈锥形,末端有一段为中空,专用于自动炭弧气刨过程中炭棒的自动接续,见图5-13(c)。

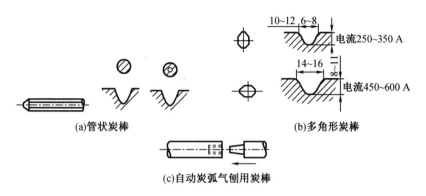

图 5-13 特种炭棒及刨削的槽道形状(单位:mm)

④交流电炭弧气刨用炭棒。这种炭棒的中心部分为稳弧剂,可以使电弧在电流交变时有较好的稳定性。

4.送气软管

送气软管是压缩空气输向炭弧气刨区的通道。一般地,对直径9 mm以下的炭棒,送气软管的内径和接头宜选用6.4 mm;对直径大于9.5 mm的炭棒,送气软管的内径和接头宜选用9.5 mm。

一般炭弧气刨枪需接上电源导线和送气软管。但送气软管和电缆一般是分开的,需分别接插,操作不便。为了便于操作,同时防止电源导线过热,可采用电气合一的软管。其结构见图5-14。这种软管在压缩空气通过时能够对导线起冷却作用,不但解决了长时间使用大电流情况下的导线发热问题,而且使导线截面积相应减小。

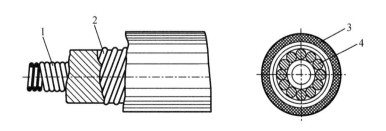

1—弹簧管;2—外附铜丝;3—软管;4—多股导线。
图 5-14 电气合一炭弧气刨枪软管的结构

这种电气合一的炭弧气刨枪软管具有质量小、使用方便灵活、节省材料等优点。

5.气路系统

气路系统包括压缩空气源、管路、气路开关和调节阀等,压缩空气压力应为 0.4 ~ 0.6 MPa,对压缩空气中所含的水、油等应加以限制,必要时应加过滤装置。

6.炭弧气刨设备

(1)自动炭弧气刨机

图 5-15 为自动炭弧气刨机及行走机构。它是由自动炭弧气刨小车、电源、控制箱和轨道等组成。

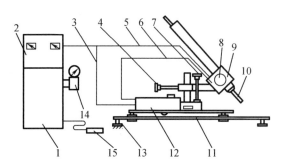

1—主电路接触器;2—控制箱;3—牵引爬行器电缆;4—水平调节器;5—电缆气管;—电机控制电缆;
7—垂直调节器;8—伺服电动机;9—气刨头;10—炭棒;11—轨道;12—牵引爬行器;
13—定位磁铁;14—压缩空气调压器;15—遥控器。

图 5-15　自动炭弧气刨机及行走机构

该设备可以实现炭棒的自动进给、接棒,自动完成刨削任务,效率较手工炭弧刨削高,炭棒消耗量少,刨槽的精度高、稳定性好,刨槽平滑均匀,边缘变形小。该设备适用于长直槽道的刨削或圆筒体环向焊缝的清根。

(2)炭弧水气刨设备

炭弧气刨产生的烟雾和烟尘严重污染环境,影响工人的身体健康,为此,在炭弧气刨的基础上增加了供水器和供水系统,可产生水雾,以减小和控制烟尘及烟雾的危害。图 5-16 是供水器的结构。

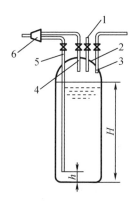

1—进气管;2—容器;3—进水管;4—出气管;5—出水管;6—水、气混合三通接头。

图 5-16　供水器的结构

五、不锈钢炭弧气刨的工艺参数

1. 炭弧气刨工艺参数

（1）炭棒直径

在选择炭棒直径时主要考虑两方面的因素：一是钢板的厚度，二是刨槽宽度，但以钢板厚度为主，适当考虑刨槽宽度。炭棒直径一般应比所需的槽宽小2~4 mm。表5-5列出了不同板厚应选用的炭棒直径。

表5-5　炭棒直径的选用

项目	内容				
板厚/mm	4~6	6~8	8~12	10以上	15以上
炭棒直径/mm	4	5~6	6~7	7~10	>10

（2）极性

直流电极性对刨削过程的稳定性和质量有一定的影响。表5-6给出了不同材料应选择的极性。

表5-6　金属材料炭弧气刨对电源极性的要求

材料	电源极性	备注
碳素钢	直流反接（DCRP）	正接时电弧不稳定，刨槽表面不光滑
合金钢	直流反接（DCRP）	
铸铁	直流正接（DCSP）	反接亦可，但操作性比正接差
铜及铜合金	直流正接（DCSP）	
铅及铅合金	直流正接或反接	
锡及锡合金	直流正接或反接	

（3）刨削电流

刨削电流应根据炭棒规格和刨槽尺寸选用。适当增大电流，槽的深度和宽度增大，刨削速度也可提高，且刨槽表面光滑。但电流过大易使炭棒头部过热而发红，镀铜层脱落，炭棒烧损加快，甚至炭棒熔化并滴入槽道内，使槽道严重渗碳。正常电流下，炭棒发红长度约为25 mm。如果电流较小，则电弧不稳，且易产生粘渣、夹碳缺陷，效率低。对于刨削电流的选择，可遵循下列经验公式：

$$I = (30 \sim 50)d$$

式中　I——电流，A；

　　　d——炭棒直径，mm。

在实际应用时，还应考虑炭弧气刨枪的送风方式、炭棒受冷却情况、作业性质以及操作工的熟练程度。如果工人操作熟练，则可以采用较大的电流以加快刨削速度。在清除焊缝缺陷或者铸铁缺陷时，宜选用小的电流，以利于检查缺陷是否清除。

（4）刨削速度

刨削速度影响刨槽尺寸、表面质量和刨削过程的稳定性。刨削速度太快，易造成炭棒与金属接触，使电弧熄灭并造成夹碳缺陷。刨削速度太慢，电弧变长，造成电弧不稳定。另外，随着刨削速度加快，槽道深度减小。一般刨削速度取 0.5~1.2 m/min 为宜。

（5）炭棒伸出长度

炭棒伸出长度指炭棒从气刨枪钳口导电处至电弧始端的长度。伸出长度过长，电阻也大，炭棒易发热。同时，由于压缩空气对炭棒的冷却作用也有所减弱，炭棒烧损较大。而且伸出长度过长易造成风力不足，不能将熔渣顺利吹掉，炭棒也容易折断。伸出长度过小，妨碍对刨槽过程和方向的观察，操作不便。根据经验，一般炭棒伸出长度取 80~100 mm 为宜。随着炭棒烧损，当烧损至 20~30 mm 后就要进行调整。

（6）炭棒与工件间的夹角

炭棒与工件沿刨槽的方向间的夹角称为炭棒与工件间的夹角（图 5-1），用 α 表示。该夹角的大小主要影响刨槽深度、刨槽宽度和刨削速度。夹角增大，刨削深度加深，但槽宽略有减小，刨削速度减慢。表 5-7 给出了炭棒与工件间的夹角与槽深的关系。一般刨槽时夹角取 45°~60° 为宜，见图 5-17。

表 5-7　炭棒与工件间的夹角与槽深的关系

项目	内容					
炭棒夹角/(°)	25	35	40	45	50	85
刨槽深度/mm	2.5	3.0	4.0	5.0	6.0	7.0~8.0

图 5-17　炭棒与工件间的夹角

当板厚不大或施工条件限制需先装配接头后刨削时，应严格控制接头根部间隙。否则刨削薄板易刨穿，刨削较厚板时熔渣易嵌入缝隙，不易去除，影响焊接质量。表 5-8 给出了自动炭弧气刨的工艺参数。

（7）电弧长度

电弧长度决定了气刨工作能否顺利地进行。若炭弧长度长于 3 mm，则电弧不稳定。如电弧再拉长一些，就会被强烈的压缩空气吹灭。若操作时电弧太短，容易引起夹碳缺陷。操作中，电弧长度以 1~3 mm 为宜，并尽量保持短弧。这样可以提高生产效率，也可以提高炭棒的利用率。在刨削过程中,弧长变化应尽量小,以保证得到均匀的刨削尺寸。

表5-8　自动炭弧气刨的工艺参数

炭棒直径 /mm	刨削电流 /A	电弧电压 /V	刨削速度 /(cm/min)	压缩空气 /MPa	炭棒倾角 /(°)	炭棒伸出 长度/mm	刨槽尺寸/mm	
							宽度	深度
$\phi6$	280~300	40	120	0.5~0.6	40	25	8.2~8.5	4~4.5
$\phi8$	320~350	42	140		35		12~12.4	5.3~5.7

（8）压缩空气的压力

压缩空气的压力会直接影响刨削速度和刨槽表面质量。压力太小则熔化的金属吹不掉,刨削很难进行。压力低于0.4 MPa时,就不能进行刨削。当电流大时,熔化金属量增加,压缩空气的压力大,有利于吹除熔化金属,对刨削有利。但当电流较小时,较大的压缩空气的压力易使电弧不稳,甚至熄弧。

炭弧气刨常用的压缩空气的压力为0.4~0.6 MPa。压缩空气所含水分和油分都应清除,可在压缩空气的管道中加过滤装置,以保证刨削质量。

2. 炭弧气刨开U形坡口、V形坡口和清焊根

（1）开U形坡口

首先是根据U形坡口的开口宽度来选择炭棒直径。

当厚度小于16 mm的钢板需开U形坡口时,在一般的情况下,一次刨削就能开成。当厚度大于16 mm的钢板需开较宽的U形坡口时,只要U形槽的深度不超过7 mm,可按图5-18所示的次序进行刨削,底部可以一次刨成,而后分别加宽两侧。当厚度超过20 mm的钢板需开U形坡口且要求开得很大时,可按图5-19所示的次序进行多次刨削。按照这样的次序刨削,既不会使炭棒与槽侧壁相碰而引起过烧,又能保证炭弧稳定燃烧。

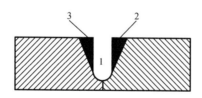

图5-18　开口较宽的U形坡口的刨削次序

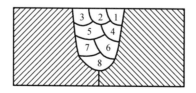

图5-19　工件厚度超过20 mm时,开U形坡口的刨削次序

（2）开V形坡口和清焊根

对于厚度小于12 mm的钢板,在开V形坡口时,只要把炭棒向一侧倾斜,一次即可刨成。见图5-20。对于厚度大于12 mm的钢板,在开V形坡口时,可分几次刨削。刨削的次序见图5-21。

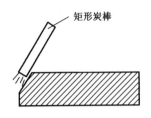

图 5-20   用矩形炭棒刨削 V 形坡口

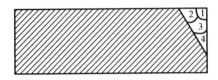

图 5-21   厚度大于 12 mm 的钢板开 V 形坡口的次序

清焊根的实质和薄板开 U 形坡口差不多,因此刨削方法可参考薄板开 U 形坡口。

3. 不锈钢的炭弧气刨工艺

对于不锈钢的炭弧气刨,人们最关心的是刨槽表面是否渗碳,是否影响不锈钢的抗晶间腐蚀性能。表 5-9 给出了不锈钢刨槽表面不同部位含碳量的测定结果。

表 5-9   炭弧气刨不锈钢表面不同部位含碳量的测定结果

项目	内容			
取样部位	母材	炭弧气刨飞溅金属	刨槽边缘粘渣	刨层表面 0.2~0.3 mm
含碳量 (质量分数)/%	0.070~0.075	1.300	1.200	0.075

从表 5-9 中可以看出,不锈钢刨槽基本上不发生渗碳现象。但刨槽边缘的粘渣和飞溅金属渗碳现象非常严重。如果操作不当,粘渣和飞溅渗入焊缝时,将显著增加焊缝的含碳量。因此,对于有抗晶间腐蚀要求的不锈钢焊件,允许采用炭弧气刨清焊根和开坡口,但气刨表面要打磨出新的金属光泽,特别是对刨槽两边的粘渣,更要充分打磨干净后方可施焊。

表 5-10 给出了不锈钢炭弧气刨工艺参数。表 5-11 给出了 18-8 型不锈钢水雾炭弧气刨工艺参数。

表 5-10   不锈钢炭弧气刨工艺参数

炭棒	参数				
	炭棒规格/mm	刨削电流/A	炭棒伸出长度/mm	炭棒倾角/(°)	空气压力/MPa
圆形炭棒	$\phi4$	150~200	50~70	35~45	0.4~0.6
	$\phi5$	180~210			
	$\phi6$	180~300			
	$\phi7$	200~350			
	$\phi8$	250~400			
	$\phi9$	350~500			
	$\phi10$	400~550			

表 5-10（续）

炭棒	参数				
	炭棒规格/mm	刨削电流/A	炭棒伸出长度/mm	炭棒倾角/(°)	空气压力/MPa
矩形炭棒	4×8	200~300	50~70	30~45	0.4~0.6
	4×12	300~350			
	5×10	300~400			
	5×5	350~450			

表 5-11　18-8 型不锈钢水雾炭弧气刨工艺参数

参数名称	炭棒规格/mm	炭棒伸出长度/mm	刨削电流/A	空气压力/MPa	炭棒夹角/(°)		水雾水量/(mL/min)
					起刨时	刨削时	
参数值	φ7	70~90	400~500	0.45~0.60	15~25	25~45	65~80

4. 不锈钢的炭弧空气切割

利用炭弧切割不锈钢，在操作方法上与炭弧气刨开槽基本相同。若板太厚，一次刨槽不能割透，可以在切割线上重复多次刨槽直至切透。

采取多次刨槽的方式切割不锈钢时，刨削电流比炭弧气刨小一些，刨削速度快一些。每次刨槽深度应稍小，这样可以防止夹碳现象的产生。

从厚板中间切割出零件时，应先沿切割线隔一定距离钻一定直径的孔。对于不锈钢薄件可不钻孔直接切割。例如，在图 5-22 所示的钢板上采用炭弧气刨切割出不锈钢法兰（图中阴影部分）。应首先沿切割线钻出多个直径为 20 mm 的孔，孔距为板厚的 4~5 倍，目的是使熔渣容易排除，然后多次刨削，直至切透。

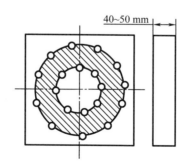

图 5-22　不锈钢法兰的炭弧切割尺寸示意图

切割厚度为 20~125 mm 的不锈钢板时采用矩形炭棒，可以获得光洁整齐的切口，且切割速度快。例如，切割厚度 25 mm 的不锈钢板时，采用 5 mm×18 mm 的矩形炭棒、AX1-500 型焊机，采用两侧送风的钳式气刨枪，切割电流为 500 A 左右，切割时用炭棒的侧面与钢板的整个厚度引弧，并切入钢板（图 5-23）。

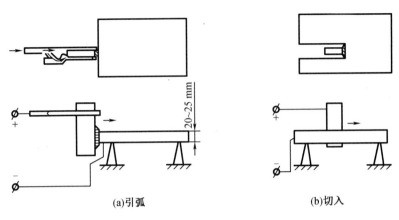

(a)引弧   (b)切入

图 5-23　炭弧空气切割不锈钢示意图

六、炭弧气刨的操作技术

1. 炭弧气刨前准备工作

(1)清理工作场地,在直径为 10 m 范围内应无易燃、易爆物品。

(2)检查电缆是否完好,电缆接头处是否接触良好。检查空气管道是否漏气。

(3)检查电源极性是否正确。在设备电源极性标注不好的情况下,可以采用两种方法检查电源极性:一是用仪器,如万用表;二是试刨,拿一块低碳钢板来试刨,刨削质量较好时是反接,刨削质量较差时是正接。

(4)根据气刨作业的性质和要求正确选定炭棒种类和直径,并根据炭棒直径选择并调节好电流。

(5)调节压缩空气的压力至所需大小。

2. 炭弧气刨与切割操作技术

(1)起弧前必须先送压缩空气,以免槽道产生夹碳现象。电弧在引燃瞬间不宜拉得过长,以免熄灭。

(2)开始刨削时钢板温度低,不能很快熔化,当电弧引燃后,刨削速度应慢一些,以免夹碳。当钢板熔化且被压缩空气吹走时,可适当加快刨削速度。

(3)在刨削过程中,炭棒不能做横向移动和前后往复运动,只能沿刨削方向做直线运动。

(4)在炭弧气刨时,经常在刨了一段槽以后要停下来调整炭棒的伸出长度。在调整炭棒时,最好不要停止送风,以免槽道产生夹碳现象并可减少炭棒的烧损。

(5)要注意刚起弧时向下按气刨手把时,手的动作要轻一点,起刨的速度也要慢一点。当起弧的地方深度不一样时,起弧动作也有所不同,图 5-24 给出了详细的起弧动作。

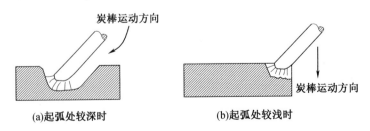

(a)起弧处较深时   (b)起弧处较浅时

图 5-24　起弧动作

（6）炭弧气刨的灭火点往往也是以后焊接时的收弧坑。如果气刨时收弧操作不好，在刨槽里留下熔化过的金属，这些金属由于含碳和氧都较多，以后焊接时在收弧坑处容易出现缺陷。为了收弧良好，可以采用过渡式收弧法，见图5-25。

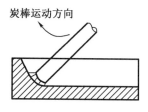

炭棒运动方向

图5-25 过渡式收弧法

（7）炭弧气刨操作时眼睛要盯住准线，同时，要考虑刨槽的深浅。两耳要仔细聆听炭弧发出的响声，因为空气的摩擦作用会使炭弧发出响声，弧长不同时，声音也不一样。刨深槽时，为了刨得准，可先试刨一条浅槽，然后沿这条槽再往深处刨。

（8）刨槽表面的光滑程度同操作是否平稳有很大的关系，如果操作时手把稍有上下起伏，刨槽表面就会出现明显的凹凸不平，因此在操作过程中严格要求手把端得平稳。

（9）炭弧气刨时要保持刨削速度均匀，清脆的"嘶嘶"声表示电弧稳定，这时能得到光滑均匀的刨槽。速度太快易短路，使工件增碳；太慢易断弧，刨槽质量差。刨槽衔接时，应在弧坑上引弧，防止触伤刨槽或产生严重凹痕。

（10）夹紧炭棒时要调节炭棒，使之伸出80～100 mm，消耗到30～40 mm时要重新调整炭棒的伸出长度，见图5-26。

图5-26 调整炭棒的伸出长度

（11）炭棒夹持要端正，炭棒可以有一定的倾角，但不能偏向槽的任何一侧，即炭棒中心线应与刨槽中心线重合，否则刨槽形状不对称，见图5-27。

（12）在垂直位置刨削时，应由上向下操作，这样重力的作用有利于除去熔化金属；在水平位置刨削时，既可从右向左操作，也可从左向右操作；在仰位置刨削时，熔化金属由于重力的作用很容易落下，应注意防止熔化金属烫伤操作者。

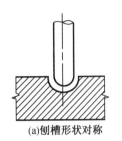

(a)刨槽形状对称　　　　　　　(b)刨槽形状不对称

图 5-27　炭棒与工件的相对位置

(13)在刨削工作开始和进行中,压缩空气不许中断,否则可能烧损气刨枪。刨削结束时应先拉断电弧,再关闭压缩空气。

(14)焊缝背面开槽时,要注意保持一定的炭棒角度,电弧宜短些(保持弧长约 3 mm),并均匀地向前刨削,以获得尺寸一致、表面光洁的槽道。

(15)在厚板中开深坡口时要采取分段逐层刨削的办法。

(16)在刨削过程中,尽量避免炭棒与刨口发生短路,否则会在该处形成含碳量很高的淬硬层。此时必须将该淬硬层去除,见图 5-28,然后才能继续刨削。

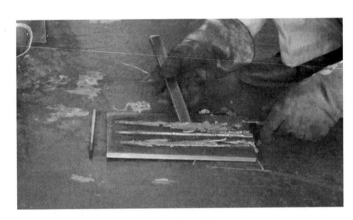

图 5-28　去除淬硬层

(17)清除焊缝中的裂纹时,应先将裂纹两端刨去一部分,以免裂纹受热扩展,然后以较大的刨削量连续向下刨,直至裂纹完全被刨除。

(18)对于封底焊缝的开槽,刨削结束后应仔细检查,包括检查槽道的宽度和深度是否一致,焊根中的缺陷是否完全消除,是否存在夹碳现象。应清除刨槽及边缘的铁渣、毛刺和氧化皮等,用钢丝刷清除刨槽内炭灰和铜斑。

(19)刨削厚 5~6 mm 以下的工件的槽道时,应选用小直径的炭棒和低的刨削电流(如选 ϕ4 mm 炭棒,刨削电流 90~105 A),同时适当加快刨削速度。

七、炭弧气刨常见的缺陷及预防措施

1.夹碳

刨削速度太快或炭棒送进过快,使炭棒头部触及铁水或未熔化的金属上,会使电弧因短路而熄灭。由于此时温度很高,当炭棒再往前送或上提时,会导致端部脱落并粘在未熔化金属上,产生夹碳缺陷,见图 5-29。

图 5-29　夹碳

发生夹碳后,电弧在夹碳处不能再引燃,这样就阻碍了炭弧气刨的继续进行。此外,夹碳处还形成一层脆硬且不易清除的碳化铁。由于夹碳缺陷极易在随后的焊接过程中导致气孔和裂纹等缺陷,因此刨削时必须注意防止和清除这种缺陷。清除的方法是在缺陷的前端引弧,将夹碳处连根一起刨除,或用角形磨光机磨掉该缺陷。

2. 粘渣

炭弧气刨操作时,吹出来的铁水叫"渣",它的表面是一层氧化铁,内部是含碳量很高的金属。如果渣粘在刨槽的两侧,即产生粘渣,见图 5-30。

图 5-30　粘渣

引起粘渣的主要原因是压缩空气的压力太小。但刨槽速度与电流配合不当,刨削速度太慢也易粘渣,在采用大电流时更为明显。另外,炭棒倾角过小也易产生粘渣。粘渣可采用风铲清除。

3. 刨槽不正或深浅不均

炭棒歪向刨槽的一侧就会引起刨槽不正,炭棒运动时上下起伏就会引起刨槽的深度不均,见图 5-31。炭棒的角度变化同样会使刨槽的深度发生变化。刨槽前,应注意炭棒与工件的相对位置,提高操作的熟练程度。

4. 刨偏

刨削时炭棒偏离预定目标称为刨偏。由于炭弧气刨速度比较快,比电弧焊快 2~4 倍,因此操作者技术不熟练或稍不注意就容易刨偏。

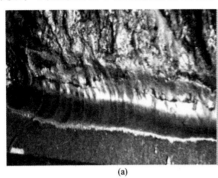 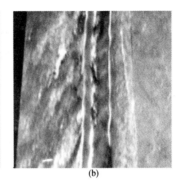

(a)   (b)

图 5-31 刨槽不正或深浅不均

提高操作的熟练程度和操作时的注意力可以防止刨偏。另外,选择合适的刨枪在一定程度上也能防止刨偏。例如,采用带有长方槽的圆周送风式和侧面送风式刨枪均不易将渣吹到正前方,不妨碍刨削视线,也就减少了刨偏缺陷出现的概率。

5. 铜斑

采用表面镀铜的炭棒时,有时镀铜质量不好会使铜皮成块剥落,剥落的铜皮呈熔化状态,附着在刨槽的表面形成铜斑。在焊前用钢丝刷或砂轮机将铜斑清除,就可避免母材的局部渗铜。如不清除,铜渗入焊缝金属的量达到一定数值时,就会引起热裂纹。为避免这种缺陷要选用镀层质量好的炭棒,采用合适的电流,并注意焊前用钢丝刷或砂轮机将铜斑清理干净。

八、炭弧气刨的安全防护

炭弧气刨时主要应注意下列几点:

(1)防止触电。电源设备(电焊机或硅整流气刨机)的外壳要接地;气刨手把绝缘良好;操作者操作时要穿上绝缘橡胶鞋和戴绝缘手套;电源开关应装有绝缘良好的手把;开关应用符合规格的保险丝,绝不允许用铜丝代替。

(2)操作者应戴上深色护目镜,以防炭弧气刨的强弧光伤眼。弧光辐射可能引起暂时性的皮肤灼伤,使操作者有眼睛疼痛、发热、流泪、畏光、皮肤发痒等感觉,此时操作者可用湿毛巾敷在眼睛上,也可用水豆腐洗涤,或用鲜牛奶滴入眼中,切不能用肥皂水洗涤。

(3)应注意防止喷吹出来的熔融金属烧损作业服。工作地点应用挡板或其他东西与周围隔开,并应注意防火。刨削过程中操作者应站在上风位置,观察炭弧时不宜过近。

(4)操作者宜佩戴送风式面罩。这是因为气刨时烟尘大,另外由于炭棒使用沥青黏结而成,表面镀铜,因此烟尘中含有铜,并含有有害气体,操作者吸入后对身体有害。

(5)在容器或狭小部位操作时,必须采取措施加强环境抽风,及时排出烟尘。

(6)炭弧气刨时使用的电流较大,应注意防止焊机运行过载和长时间使用而产生过热现象。

(7)炭弧气刨时产生的噪声较大,操作者应佩戴耳塞。

(8)防止燃烧和爆炸。燃烧和爆炸也是炭弧气刨时容易发生的事故,因此必须引起高度重视。对于盛过油类的容器(如汽油罐、油桶等),刨削前必须仔细清理,可用含 10% ~ 20%(质量分数)的氢氧化钠热水冲洗后,吹干水分,打开盖子。刨削有压力的容器时,应将容器内压力完全放掉。在刨削地点直径为 5 m 的范围内,不能放有易燃、易爆的物品。

(9)刨削后的零件不能随便乱丢,需妥善管理,绝对不能把它丢在易燃、易爆物品的附近,以免发生火灾。

【任务实施】

现给出一个具体实例:某钢制容器为圆筒体,壁厚为12 mm,封头壁厚为14 mm,材质为0Cr19Ni9。该容器的最高工作温度为150 ℃,工作介质为蒸馏水,工作压力为2.2 MPa,试验压力为2.75 MPa.坡口形式和尺寸见图5-32。

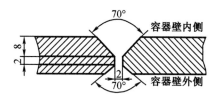

图5-32 坡口形式和尺寸(单位:mm)

一、工作准备

1.设备及材料

多用直流炭弧气刨割焊机、钳式侧面送风式炭弧气刨枪、炭棒。

2.气体

压缩空气。

3.工具

手套、护目镜、钢丝刷等工具。

二、工作程序

分析:其工作温度不在晶间腐蚀的敏化区内,介质的腐蚀强度不高,可以使用炭弧气刨清根。为了减少炭弧气刨的影响,可采用图5-33的焊接顺序。

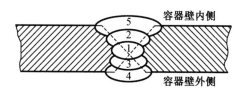

图5-33 焊接顺序

表5-12给出了采用的炭弧气刨工艺参数。

表5-12 0Cr19Ni9炭弧气刨工艺参数

参数名称	炭棒规格/mm	炭棒伸出长度/mm	刨削电流/A	空气压力/MPa	炭棒夹角/(°)	刨削速度/(m/min)
参数值	φ7×355	90	270	0.6	45	0.1

【炭弧气刨不锈钢板工作单】

计划单

学习情境5	炭弧气刨	任务1	炭弧气刨不锈钢板
工作方式	组内讨论,团结协作,共同制订计划。小组成员进行工作讨论,确定工作步骤	计划学时	0.5学时
完成人	1.　　　2.　　　3.　　　4.　　　5.　　　6.		

计划依据:计划依据:1.图纸;2.炭弧气刨工艺

序号	计划步骤	具体工作内容描述
1	准备工作(准备工具。谁去做?)	
2	组织分工(成立组织。各人员都需要具体完成什么工作?)	
3	制定炭弧气刨工艺方案(如何切割?)	
4	切割操作(切割前需要准备什么?切割操作中遇到问题时如何解决?)	
5	整理资料(谁负责?整理什么?)	
制订计划说明	(对各人员完成任务提供可借鉴的建议或对计划中的某些方面做出解释。)	

决策单

学习情境 5	炭弧气刨	任务 1	炭弧气刨不锈钢板
决策学时		0.5 学时	

决策目的:炭弧气刨工艺方案对比分析,比较切割质量、切割时间、切割成本等

工艺方案对比	组号成员	工艺的可行性（切割质量）	切割的合理性（切割时间）	切割的经济性（切割成本）	综合评价
	1				
	2				
	3				
	4				
	5				
	6				

决策评价	结果:(将自己的工艺方案与组内成员的工艺方案进行对比并分析,对自己的工艺方案进行修正并说明修正原因,确定一个最佳方案。)

检查单

学习情境 5	炭弧气刨		任务 1	炭弧气刨不锈钢板
评价学时		课内:0.5 学时		第 组

检查目的及方式	教师对小组的工作过程和工作情况进行检查。如检查后等级为不合格,则小组需要进行整改并做出整改说明

序号	检查项目	检查内容	检查结果分级 (在检查相应的分级框内画"√")				
			优秀	良好	中等	合格	不合格
1	准备工作	资源是否查到;材料是否齐备					
2	分工情况	安排是否合理、全面;分工是否明确					
3	工作态度	小组工作是否积极、主动且全员参与					
4	纪律出勤	是否按时完成所负责的工作内容,遵守工作纪律					
5	团队合作	成员是否互相协作、互相帮助,并听从指挥					
6	创新意识	任务完成过程是否不照搬照抄;看问题是否有独到见解和创新思维					
7	完成效率	工作单记录是否完整;是否按照计划完成任务					
8	完成质量	工作单填写是否准确;工艺是否达标					
检查评语					教师签字:		

任务评价

1. 小组工作评价单

学习情境5	炭弧气刨		任务1	炭弧气刨不锈钢板
评价学时			课内：0.5 学时	
班级：			第　　　组	

考核情境	考核内容及要求	分值/分	小组自评（10%）/分	小组互评（20%）/分	教师评价（70%）/分	实得分（Σ）/分
汇报展示（20分）	演讲资源利用	5				
	演讲表达和非语言技巧应用	5				
	团队成员补充配合程度	5				
	时间与完整性	5				
质量评价（40分）	工作完整性	10				
	工作质量	5				
	报告完整性	25				
团队情感（25分）	核心价值观	5				
	创新性	5				
	参与率	5				
	合作性	5				
	劳动态度	5				
安全文明（10分）	工作过程中的安全保障情况	5				
	工具正确使用、保养和放置规范性情况	5				
工作效率（5分）	能够在要求的时间内完成，每超时 5 min 扣 1 分	5				

2.小组成员素质评价单

学习情境 5	炭弧气刨		任务 1		炭弧气刨不锈钢板			
班级		第　组		成员姓名				
评分说明	每个小组成员的评分包括自评分和小组其他成员评分两部分,取平均值作为该小组成员最终得分。评分项目共包括以下 5 项。评分时,每人依据评分内容进行合理量化评分。小组成员在进行自评分后,要找小组其他成员以不记名的方式进行评分							
评分项目	评分内容	自评分	成员 1评分	成员 2评分	成员 3评分	成员 4评分	成员 5评分	
核心价值观(20分)	有无违背社会主义核心价值观的思想及行动							
工作态度(20分)	是否按时完成所负责的工作且遵守纪律;是否积极主动参与小组工作;是否全过程参与;是否吃苦耐劳;是否具有工匠精神							
交流沟通(20分)	能否良好地表达自己的观点;能否倾听他人的观点							
团队合作(20分)	能否与小组成员合作完成任务,并做到互相协作、互相帮助且听从指挥							
创新意识(20分)	对待问题能否独立思考,提出独到见解;能否创新思维以解决遇到的问题							
小组成员最终得分								

课后反思

学习情境 5	炭弧气刨	任务 1	炭弧气刨不锈钢板
班级	第　　组	成员姓名	

情感反思	通过本任务的学习和实训,你认为自己在社会主义核心价值观、职业素养、学习和工作态度等方面有哪些部分需要加强?
知识反思	通过本任务的学习,你掌握了哪些知识点?请画出思维导图。
技能反思	在本任务的学习和实训过程中,你主要掌握了哪些技能?
方法反思	在本任务的学习和实训过程中,你主要掌握了哪些分析问题和解决问题的方法?

任务2 炭弧气刨碳素钢、低合金钢和铸铁

【任务工单】

学习情境5	炭弧气刨		任务2	炭弧气刨碳素钢、低合金钢和铸铁
任务学时		课内4学时(课外4学时)		
布置任务				
任务目标	1. 掌握炭弧气刨的操作技术及安全防护。 2. 掌握炭弧气刨的工艺参数。 3. 能够编制低合金钢炭弧气刨工艺			
任务描述	炭弧气刨是在焊接过程中经常使用的一种加工方法。近年来,随着工艺手段的日趋成熟,传统观念已经有所转变,炭弧气刨以其高效率、低消耗、噪音小等优点,在奥氏体不锈钢焊接中已逐渐得到应用。本任务是对转轮体补焊位置进行清根处理			
学时安排	资讯 1学时	计划 0.5学时	决策 0.5学时	实施 1学时	检查 0.5学时	评价 0.5学时
提供资源	多用直流炭弧气刨割焊机、钳式侧面送风式炭弧气刨枪、炭棒、压缩空气、手套、护目镜、钢丝刷等工具、转轮体,材质为ZG20SiMn			
对学生的学习过程及学习成果的要求	1. 能够在实训前进行安全检查。 2. 严格遵守实训基地的各项管理规章制度。 3. 根据实训要求能够选择切割的工艺参数。 4. 每位同学均能自主学习"课前自学"部分内容,并能完成相应的课后习题。 5. 严格遵守课堂纪律;学习态度认真、端正;能够正确评价自己和同学在本任务中的素质表现。 6. 每位同学必须积极参与小组工作,承担合理选择工艺参数等工作,做到积极、主动、不推诿,能够与小组成员合作完成工作任务。 7. 每位同学均需独立或在小组成员的帮助下完成任务工作单等,并提请教师检查、签认;仔细思考他人提出的建议,及时改正错误。 8. 每组必须完成任务工单,并提请教师进行小组评价;小组成员分享小组评价分数或等级。 9. 每位同学均需完成"课后反思"部分,以小组为单位提交			

【课前自学】

一、碳素钢的炭弧气刨的工艺

低碳钢在采用炭弧气刨开坡口、清根及清除缺陷后,刨槽表面有具有一定厚度的硬化层,其厚度随刨削规范的变化而变化,为 0.54~0.72 mm。最厚的硬化层也不会超过 1 mm,对于碳的质量分数为 0.23% 的碳素钢来说,炭弧气刨后硬化层的碳的质量分数为 0.30% 左右,即增加了 0.07% 左右。

由于在随后的焊接过程中会将这层硬化层熔化、去除,因此基本上不影响焊接接头的性能。表 5-13 给出了碳素钢的炭弧气刨的工艺参数。

表 5-13 碳素钢的炭弧气刨的工艺参数

炭棒	工艺参数				
	炭棒规格 /mm	刨削电流 /A	刨削速度 /(m/min)	槽道形状/mm	备注
圆形炭棒	ϕ5	250	—	6.5 / 4	用于板厚 4~7 mm
	ϕ6	280~300	—	8 / 4	
	ϕ7	300~350	1.0~1.2	10 / 5	用于板厚 8~24 mm
	ϕ8	350~400	0.7~1.0	12 / 5	
	ϕ10	450~500	0.4~0.6	14 / 6	
矩形炭棒	4×12	350~400	0.8~1.2		
	5×20	450~480			
	5×25	550~600			

二、低合金钢的炭弧气刨的工艺

低合金钢的炭弧气刨与低碳钢一样,当采用正确、规范的操作及工艺时,炭弧气刨边缘一般都无明显的渗碳层,但在炭弧气刨的热边缘有 0.5~1.2 mm 的热影响区,测定该区的最高硬度可达 360~450 HV。焊接时该边缘金属熔入焊缝,气刨引起的热影响区消失。而焊缝热影响区最高硬度为 223~246 HV,这与机械加工的坡口焊缝情况基本相同。即炭弧气刨对随后的焊接过程基本无影响。16Mn 钢炭弧气刨的工艺参数见表 5-14。16Mn 钢炭弧气刨后焊缝及接头的力学性能见表 5-15。

表 5-14　16Mn 钢炭弧气刨的工艺参数

参数名称		参数值				
板厚/mm		8~10	12~14	16~20	22~30	30 以上
炭棒直径/mm		6	8	8	8	8
刨削电流/A		190~250	240~290	290~350	320~330	340~400
刨削电压/V		44~46	45~47	45~47	45~47	45~47
压缩空气压力/MPa		0.4~0.6	0.4~0.6	0.4~0.6	0.4~0.6	0.4~0.6
炭棒夹角/(°)		30~45	30~45	30~45	30~45	30~45
有效风距/mm		50~130	50~130	50~130	50~130	50~130
弧长/mm		1.0~1.5	1.0~1.5	1.5~2.0	1.5~2.5	1.5~2.5
刨削速度/(m/min)		0.90~1.00	0.85~0.90	0.90~1.00	0.70~0.80	0.65~0.70
刨槽尺寸/mm	槽深	3.0~4.0	3.5~4.5	4.5~5.5	5.0~6.0	6.0~6.5
	槽宽	5~6	6~8	9~11	10~12	11~13
	槽底宽	2~3	3~4	4~5	4~5	4.5~5.5

表 5-15　16Mn 钢炭弧气刨后焊缝及接头的力学性能

检验部位	参数							
	抗拉强度/MPa	屈服强度/MPa	伸长率/%	冷弯角/(°)	常温冲击韧性/(J/cm²)		硬度 HV	
					焊缝中心	热影响区	焊缝中心	热影响区
16Mn 母材	>520	≥350	≥21	180	—	—	—	—
焊接接头(E5015)	662~669	—		180	—	72~93	—	223~246
焊缝金属(E5015)	638~668	492~506	26~31	—	155~162	—	200~206	—

注:16Mn 钢的硬度为 210~215 HV,常温冲击韧性大于 70 J/cm²

对于一些重要的低合金钢结构、钢构件,炭弧气刨后其表面往往有很薄的增碳层及淬硬层。为了保证焊接质量,刨削后应用砂轮仔细打磨,打磨深度约 1 mm,直至露出金属光泽且表面平滑为止。某些强度等级高、对冷裂纹十分敏感的低合金钢厚板不宜采用炭弧气刨,此时可采用氧乙炔割炬开槽法清除焊根。

三、铸铁的炭弧气刨的工艺

炭弧切割用于清理铸铁件,主要是切割飞边、毛刺以及小尺寸冒口等。各种铸铁件都可以用炭弧切割,其中球墨铸铁和合金铸铁容易切割,且表面光滑平整,白口深度小。对于铸锻件,炭弧切割后,热应力很小。

切割飞边、毛刺以及小尺寸冒口实质上就是从铸件表面用矩形炭棒炭弧气刨的过程。其切割工艺基本上与炭弧气刨相同,但应注意以下几点:

(1)选用的矩形炭棒的宽度要比飞边毛刺宽2~3 mm。如果切割的毛刺的最大宽度比最宽的炭棒还宽,就要一道一道地并排切割。

(2)在选取切割电流时,对于要求机械加工的表面,为减小白口层厚度,以免影响后续机械加工,应选用偏低或正常的电流。对于非机械加工表面常选取偏大一些的电流。必须注意:电流增加,白口层深度也增加。当电流增加到一定数值时,白口层的深度急剧增加。

(3)切割铸件时应注意将铸件上的沙粒清理干净。切割时最好在带有机械抽风装置的特制的地坑中进行,以避免切割时的压缩空气将地面的灰尘和沙粒吹起,弥漫在空中,使切割不能进行。

表5-16给出了炭弧切割铸铁的工艺参数及性能。

表5-16 炭弧切割铸铁的工艺参数及性能

材料	切割电流/A	空气压力/MPa	白口层厚度/mm	切口质量
QT600-3	600	0.5	0	光洁、平整
合金铸铁	600	0.5	0.14	光洁
HT200	600	0.5	0.65	一般

四、炭弧气刨对工件材质的影响

炭弧气刨是一个工件局部急速加热和冷却的过程,同时发生局部的化学反应,因而会对刨削表面以及邻近区的成分、组织和性能有一定的影响。

1. 炭弧气刨的热影响区组织和硬度

表5-17给出了一些典型材料在炭弧气刨后的热影响区宽度、组织和显微硬度。

表5-17 炭弧气刨对材料的热影响区宽度、组织和硬度的影响

材料	组织		显微硬度/MPa		热影响区宽度
	母材	热影响区	母材	热影响区	/mm
Q235	铁素体、珠光体	铁素体、珠光体	1 274~1 450	1 519~2 156	1.0
14Mn2	铁素体、珠光体	索氏体	—	—	1.2
12CrNi3A	铁素体、珠光体	索氏体	1 470~2 058	4 018~4 606	1.0~1.3
20CrMoV	铁素体、珠光体	索氏体、托氏体	1 421~1 960	2 940~4 234	1.2

表 5-17(续)

材料	组织		显微硬度/MPa		热影响区宽度
	母材	热影响区	母材	热影响区	/mm
40Cr	铁素体、珠光体	托氏体、马氏体	1 764~2 156	4 900~7 840	0.9~1.5
1Cr17Ni2	马氏体、铁素体	马氏体、铁素体	4 312~4 707	4 410~5 880	1.5~1.9
1Cr17Ni13MoTi	奥氏体、碳化物	奥氏体、碳化物	2 156~2 744	1 960~2 744	—
08Cr20Ni10Mn6	奥氏体、碳化物	奥氏体、碳化物	2 254~2 744	2 254~2 744	—

由表 5-17 可见,随着钢中碳和合金元素含量的增多,热影响区宽度尤其是显微硬度增大。但是奥氏体钢未发生明显的组织变化和硬度升高。

2.槽道表面增碳

增碳主要发生在槽道表层。含碳量(质量分数)0.23%的钢在厚0.54~0.72 mm表面层中,含碳量增至0.3%,仅增加了0.07%。对于18-8型不锈钢,增碳层厚度仅为0.02~0.05 mm,最厚处也不超过0.11 mm,离表面深0.2~0.3 mm处的含碳量同母材基本上没有差别。在刨削深槽或多层刨削时,也可能产生厚度达0.2~0.3 mm的增碳层。

炭弧气刨加工的坡口或背面槽虽存在增碳和热影响区,但对焊缝的力学性能影响不大。由于刨削产生的粘渣的含碳量很高,因此,粘渣和炭灰必须从槽道中清除,对于某些重要的结构件,需用砂轮去除厚0.5~0.8 mm表面层后才可施焊。

3.炭弧气刨对不锈钢焊接接头耐蚀性的影响

用100 mm×200 mm×5 mm的1Cr18Ni9Ti不锈钢试板,正面开70°坡口,手工焊接正面后,反面采用炭弧气刨清根,并用打磨或刷的方法清理槽道,然后用手工焊焊完背面。结果表明,炭弧气刨清根后经打磨或刷的方法清理槽道后,焊接接头的抗晶间腐蚀能力合格。但焊后试样经敏化处理,腐蚀试验不合格,因此对于要求做敏化处理的不锈钢件,应慎用炭弧气刨。

【知识问答】

查一查:谁发明了第一台炭弧焊机呢?谁发明了炭弧焊接技术呢?

【任务实施】

水轮机中的一个重要部件——转轮体,材质为ZG20SiMn,由于尺寸原因需要进行补焊,焊后需要使用炭弧气刨进行清根处理,见图5-34。

一、工作准备

1.设备及材料

多用直流炭弧气刨割焊机、钳式侧面送风式炭弧气刨枪、炭棒。

2.气体

压缩空气。

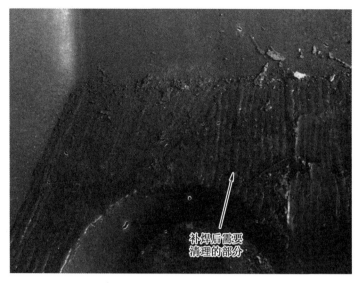

图 5-34　转轮体补焊后需要清理的部分

3. 工具

手套、护目镜、钢丝刷等工具。

二、工作程序

表 5-18 给出了采用的炭弧气刨的工艺参数。

表 5-18　炭弧气刨的工艺参数

参数名称	参数值
炭棒规格/mm	5×25×355
炭棒伸出长度/mm	100~150
刨削电流/A	500
空气压力/MPa	0.4~0.6
刨削速度/(m/min)	0.1

【炭弧气刨碳素钢、低合金钢和铸铁工作单】

计划单

学习情境5	炭弧气刨		任务2	炭弧气刨碳素钢、低合金钢和铸铁
工作方式	组内讨论,团结协作,共同制订计划。小组成员进行工作讨论,确定工作步骤		计划学时	0.5 学时
完成人	1.　　　 2.　　　 3.		4.　　　 5.　　　 6.	

计划依据:1.图纸;2.炭弧气刨工艺

序号	计划步骤	具体工作内容描述
1	准备工作(准备工具。谁去做?)	
2	组织分工(成立组织。各人员都需要具体完成什么工作?)	
3	制定炭弧气刨工艺方案(如何切割?)	
4	切割操作(切割前需要准备什么? 切割操作中遇到问题时如何解决?)	
5	整理资料(谁负责? 整理什么?)	
制订计划说明	(对各人员完成任务提供可借鉴的建议或对计划中的某些方面做出解释。)	

决策单

学习情境5	炭弧气刨	任务2	炭弧气刨碳素钢、低合金钢和铸铁
决策学时		0.5学时	

决策目的:炭弧气刨工艺方案对比分析,比较切割质量、切割时间、切割成本等

	组号成员	工艺的可行性（切割质量）	切割的合理性（切割时间）	切割的经济性（切割成本）	综合评价
工艺方案对比	1				
	2				
	3				
	4				
	5				
	6				
决策评价	结果:(将自己的工艺方案与组内成员的工艺方案进行对比并分析,对自己的工艺方案进行修正并说明修正原因,确定一个最佳方案。)				

热切割技术

检查单

学习情境 5	炭弧气刨	任务 2	炭弧气刨碳素钢、低合金钢和铸铁
评价学时		课内:0.5 学时	第　　组

检查目的及方式	教师对小组的工作过程和工作情况进行检查。如检查后等级为不合格,则小组需要进行整改并做出整改说明

序号	检查项目	检查内容	检查结果分级(在检查相应的分级框内画"√")				
			优秀	良好	中等	合格	不合格
1	准备工作	资源是否查到;材料是否齐备					
2	分工情况	安排是否合理、全面;分工是否明确					
3	工作态度	小组工作是否积极、主动且全员参与					
4	纪律出勤	是否按时完成所负责的工作内容,遵守工作纪律					
5	团队合作	成员是否互相协作、互相帮助,并听从指挥					
6	创新意识	任务完成过程是否不照搬照抄;看问题是否有独到见解和创新思维					
7	完成效率	工作单记录是否完整;是否按照计划完成任务					
8	完成质量	工作单填写是否准确;工艺是否达标					

检查评语		教师签字:

任务评价

1. 小组工作评价单

学习情境5	炭弧气刨		任务2	炭弧气刨碳素钢、低合金钢和铸铁	
评价学时			课内：0.5学时		
班级：			第　　组		
考核情境	考核内容及要求	分值/分	小组自评（10%）/分	小组互评（20%）/分	教师评价（70%）/分	实得分（∑）/分
汇报展示（20分）	演讲资源利用	5				
	演讲表达和非语言技巧应用	5				
	团队成员补充配合程度	5				
	时间与完整性	5				
质量评价（40分）	工作完整性	10				
	工作质量	5				
	报告完整性	25				
团队情感（25分）	核心价值观	5				
	创新性	5				
	参与率	5				
	合作性	5				
	劳动态度	5				
安全文明（10分）	工作过程中的安全保障情况	5				
	工具正确使用、保养和放置规范性情况	5				
工作效率（5分）	能够在要求的时间内完成，每超时5 min扣1分	5				

2.小组成员素质评价单

学习情境5		炭弧气刨	任务2		炭弧气刨碳素钢、低合金钢和铸铁		
班级		第　组	成员姓名				
评分说明		每个小组成员的评分包括自评分和小组其他成员评分两部分,取平均值作为该小组成员最终得分。评分项目共包括以下5项。评分时,每人依据评分内容进行合理量化评分。小组成员在进行自评分后,要找小组其他成员以不记名的方式进行评分					
评分项目	评分内容	自评分	成员1评分	成员2评分	成员3评分	成员4评分	成员5评分
核心价值观(20分)	有无违背社会主义核心价值观的思想及行动						
工作态度(20分)	是否按时完成所负责的工作且遵守纪律;是否积极主动参与小组工作;是否全过程参与;是否吃苦耐劳;是否具有工匠精神						
交流沟通(20分)	能否良好地表达自己的观点;能否倾听他人的观点						
团队合作(20分)	能否与小组成员合作完成任务,并做到互相协作、互相帮助且听从指挥						
创新意识(20分)	对待问题能否独立思考,提出独到见解;能否创新思维以解决遇到的问题						
小组成员最终得分							

课后反思

学习情境 5	炭弧气刨	任务 2	炭弧气刨碳素钢、低合金钢和铸铁
班级	第　　组	成员姓名	

情感反思	通过本任务的学习和实训,你认为自己在社会主义核心价值观、职业素养、学习和工作态度等方面有哪些部分需要加强?
知识反思	通过本任务的学习,你掌握了哪些知识点?请画出思维导图。
技能反思	在本任务的学习和实训过程中,你主要掌握了哪些技能?
方法反思	在本任务的学习和实训过程中,你主要掌握了哪些分析问题和解决问题的方法?

【课后习题】

一、选择题

1. 正常电流下,炭棒发红长度约为(　　　)。

A. 20 mm　　　　　B. 25 mm　　　　　C. 30 mm　　　　　D. 35 mm

2. 刨削速度(　　　),易造成炭棒与金属接触,使电弧熄灭并引起夹碳缺陷。

A. 太慢　　　　　B. 太快　　　　　C. 不变

3. 压力太小熔化的金属吹不掉,刨削很难进行。压力(　　　)0.4 MPa 时,就不能进行刨削。

　A. 高于　　　　　B. 低于　　　　　C. 不高于　　　　　D. 不低于

4. 气路系统中压缩空气压力应在(　　　)MPa。

A. 0.2~0.4　　　B. 0.4~0.6　　　C. 0.6~0.8　　　D. 0.9~1.0

5. 炭棒直径一般应比所需的槽宽小(　　　)mm。

A. 1~3　　　　　B. 2~4　　　　　C. 3~5　　　　　D. 6~8

二、填空题

1. 炭弧气刨装置主要由_____、_____、_____、_____、_____、_____等组成。

2. 根据使用的装置,炭弧气刨可分为_____、_____、_____、_____等。

3. 炭弧气刨工艺参数有_____、_____、_____、_____、_____、_____、_____等。

4. 常用的炭棒有_____和_____两种。

5. 气路系统包括_____、_____、_____和_____等。

三、简答题

1. 炭弧气刨的主要用途有哪些?

2. 钳式侧面送风式炭弧气刨枪的特点和缺点是什么?

3. 炭弧气刨的特点是什么?

4. 旋转式侧面送风式炭弧气刨枪的特点是什么?

5. 半自动炭弧气刨枪的特点是什么?

课后习题参考答案

学习情境1　手工火焰切割钢板

一、选择题

1. A　2. A　3. B　4. B　5. B

二、填空题

1. 预热、燃烧、吹渣

2. 可燃物、易燃物

3. 大

4. 中性焰、碳化焰和氧化焰

5. 切割氧压力、气割速度、预热火焰的能率、割嘴与割件的倾角和距离

三、简答题

1. (1)输送气体的软管太长、太细,或者曲折太多,这使气体在管内流动的阻力变大,从而降低了气体的流速。

　　(2)焊接(或切割)时间太长,或者焊(割)嘴太靠近焊(割)件,会使焊(割)嘴温度升高,焊(割)炬内的气体压力增大,从而增大了混合气体流动的阻力,降低了气体的流速。

　　(3)焊(割)嘴的端面黏附了许多飞溅出来的熔化金属微粒,堵塞了喷射孔,使混合气体不能畅通地流出。

　　(4)输送气体的软管内壁黏附了杂质颗粒,增大了混合气体流动的阻力,降低了气体的流速。

　　(5)气体管道内存在着氧气和乙炔的混合气体。

2. (1)按可燃气体与氧气混合的方式不同可分为低压割炬(射吸式割炬)和等压割炬两种,其中低压割炬应用较多。

　　(2)按用途不同可分为普通割炬、重型割炬、焊割两用炬等。

3. (1)金属的燃点应低于其熔点。

　　(2)金属在气割时生成氧化物的熔点应低于金属本身的熔点。

　　(3)金属在切割氧中的燃烧应是放热反应。

　　(4)金属的导热性不应太好。

　　(5)金属中阻碍气割过程和提高可淬性的杂质要少。

4. (1)切口表面应光滑干净,割纹粗细要均匀。

　　(2)气割的氧化铁挂渣要少,而且容易脱落。

　　(3)气割切口的间隙要窄,而且宽窄一致。

　　(4)气割切口的钢板没有熔化现象,棱角完整。

（5）切口应与割件平面相垂直。

（6）割缝不歪斜。

（7）气割姿势要正确,工作中要有"6S"意识。

5.原因:(1)氧气纯度低。

（2）氧气压力太大。

（3）预热火焰的能率小。

（4）割嘴距离不稳定。

（5）切割速度不稳定。

防预方法:(1)更换氧气。

（2）适当减小氧气压力。

（3）加大预热火焰的能率。

（4）稳定割嘴距离。

（5）调整切割速度,检查设备。

学习情境 2　半自动火焰切割钢板

一、选择题

1.A　2.B　3.B　4.C　5.A

二、填空题

1.轻便、灵活、移动方便

2.火焰、氧气压力、小车行走速度

3.半自动、大于 100 mm

4.低、中碳钢板

5.价格低、质量小、操作灵活、移动方便

三、简答题

1.（1）导轨不清洁使割嘴上下抖动。

（2）导轨或滚轮有机械损伤。

（3）切割速度太快或不稳。

2.（1）管子壁太薄,导致吸力太小。

（2）磁性滚轮磁力下降。

（3）管子直径太小,使小车车体碰到管子,磁界接触不牢。

3.（1）导轨安装位置不正确。

（2）切割操作时将轨道碰偏。

4.（1）样板制作错误。

（2）磁性滚轮直径补偿计算不对。

5.（1）操作技术不好,手扶不稳所致。

（2）工件表面不干净,使割嘴时高时低。

学习情境3　数控火焰切割钢板

一、选择题

1. C　2. A　3. A　4. A　5. C

二、填空题

1. 机械部分、气路部分、电脑控制部分

2. 各供气管路、阀门、减压器、压力表、电磁气阀

3. 横梁、沿座、减速机构、升降机构

4. 气体、切割速度、割嘴与被切工件表面的高度

5. 割炬升降装置、割炬夹持器

三、简答题

1. (1)设备长期不用。

(2)两个乙炔阀中有一个开度太小。

(3)高压帽工作异常,火花塞不点火。

(4)点火点位置不对。

2. (1)割嘴与工件之间的高度太大,切割氧压力太高。

(2)预热火焰太强。

3. (1)切割速度太快。

(2)切割氧的压力太小,割嘴堵塞或损坏,使风线变坏。

(3)使用的割嘴号太大。

4. (1)能完成直线、坡口、V形坡口、Y形坡口切割;配备专用割圆半径杆装置,还可以实现圆周切割。

(2)能同时安装2套或3套割炬,同时可以切割2条或3条直线,使效率提高。

(3)与大型数控火焰切割机一样,采用先进的数控技术,通过编程能够切割任意复杂平面形状的零件,可实现CAD图形转换直接切割.

(4)体积小、质量小、成本低、效率高、操作简单,特别适合于中小企业对金属钢板的下料要求,它广泛适用于造船、石油、锅炉、金属结构、冶金等行业。

5. (1)切割速度太快。

(2)割嘴与钢板之间的距离太大。

(3)割嘴有杂物堵塞,使风线受到干扰并变形。

学习情境4　等离子切割钢板

一、选择题

1. A　2. C　3. A　4. C　5. C

二、填空题

1. 水保护、水再压缩、空气、大电流密度、水下

2. 供气装置、电源、割枪、冷却循环水装置

3. 手工割枪、自动割枪

4. 空气、氧气

5. 启动、停止控制、联锁控制、切割轨迹控制

三、简答题

1.（1）切割速度快,生产率高。

（2）切口质量好。

（3）应用面广。

2.（1）切割电流。

（2）切割速度。

（3）电弧电压。

（4）喷嘴高度。

3. 与机械切割相比,等离子切割具有切割厚度大、切割灵活、装夹工件简单及可以切割曲线等优点。与氧炔焰切割相比,等离子切割具有能量集中、切割变形小及起始切割时不用预热等优点。

4. 与机械切割相比,等离子切割公差大,切割过程中会产生弧光辐射、烟尘及噪声等公害。与氧炔焰切割相比,等离子切割设备成本高、切割厚度小,此外,切割用电源空载电压高,不仅耗电量大,而且在割枪绝缘不好的情况下易对操作者造成电击。

5. 产生原因:

（1）电流过大。

（2）切割速度过慢。

（3）切割高度偏低。

解决措施:

（1）使用更小规格的割嘴。

（2）提高切割速度。

（3）调高弧压。

学习情境 5   炭 弧 气 刨

一、选择题

1. B   2. B   3. B   4. B   5. B

二、填空题

1. 电源、炭弧气刨枪、炭棒、压缩空气源、电缆、压缩空气管

2. 手工炭弧气刨、自动炭弧气刨、半自动炭弧气刨、炭弧水气刨

3. 炭棒直径、极性、刨削电流、刨削速度、炭棒伸出长度、炭棒与工件间的夹角、电弧长度、压缩空气的压力

4. 圆形炭棒、矩形炭棒

5. 压缩空气源、管路、气路开关、调节阀

三、简答题

1.（1）焊缝清根和背面开槽。

(2)刨除焊缝或钢材中的缺陷。

(3)开焊接坡口,特别是 U 形坡口。

(4)刨除焊缝余高。

(5)切割铸件的浇口、冒口、飞边、毛刺等。

(6)刨削铸件表面或内部的缺陷。

(7)在无等离子切割设备的场合,切割不锈钢、铜及铜合金等。

(8)在板材上开孔。

2. 特点是:

(1)结构较简单。

(2)压缩空气始终吹到熔化的铁水上,炭棒前后的金属不受压缩空气的冷却。

(3)炭棒伸出长度调节方便,圆形及扁形炭棒均能使用。

缺点是:

(1)操作不灵活,只能向左或向右单一方向进行气刨。

(2)压缩空气喷孔只有 2 个,喷射面不够宽,影响刨削效率。

3. (1)生产效率高。

(2)改善了劳动条件,降低了劳动强度。

(3)操作较为简单。

(4)质量好。

(5)灵活性高,使用方便。

(6)能切割的材料种类多。

(7)设备简单,使用成本低。

(8)若操作不当,易使槽道增碳。炭弧有烟雾、粉尘等污染物及弧光,操作者在狭小的空间内及通风不良处操作时,应配备相应的通风设备。

4. (1)操作性好。

(2)炭弧气刨枪的主体及气电接头都用绝缘壳保护。

(3)轻巧,加工制造方便。

5. (1)能获得平整光滑的刨槽,刨槽质量好。

(2)生产效率高,劳动强度低。

(3)特别适用于长的平直焊缝的背面刨槽。

参 考 文 献

[1] 洪生伟. 质量管理[M]. 6 版. 北京:中国质检出版社,2012.

[2] 洪松涛,林圣武,郑应国,等. 等离子弧焊接与切割一本通[M]. 上海:上海科学技术出版社,2015.

[3] 国家经贸委安全生产局. 金属焊接与切割作业[M]. 2 版. 北京:气象出版社,2007.

[4] 付志达. 金属焊接与切割作业[M]. 北京:机械工业出版社,2022.

[5] 张敏,李风波,朱春生,等. 船舶气割工[M]. 哈尔滨:哈尔滨工程大学出版社,2016.

[6] 邱言龙,聂正斌,雷振国,等. 等离子弧焊与切割技术快速入门[M]. 上海:上海科学技术出版社,2011.

[7] 方崔跃,赵应莉. 金属焊接与切割作业技术[M]. 武汉:中国地质大学出版社,2015.

[8] 孟宪杰,王文利. 金属焊接与切割技术[M]. 北京:中国质检出版社,2011.

[9] 王洪光,赵冰岩,洪伟,等. 气焊与气割[M]. 北京:化学工业出版社,2010.

[10] 刘家发. 焊工手册:手工焊接与切割[M]. 3 版. 北京:机械工业出版社,2002.

[11] 王滨滨. 切割技术[M]. 北京:机械工业出版社,2019.